はじめての生産加工学 ①

A 1st Course in Manufacturing Processes

基本加工技術編

帯川利之
笹原弘之／編著

齊藤卓志
谷　泰弘
平田　敦
吉野雅彦／著

講談社

執筆者一覧（[　]内は執筆章）

編著者

帯川利之　東京大学名誉教授　　　　　　　　　　[1章]
笹原弘之　東京農工大学大学院工学研究院　　　　[6章]

著　者（五十音順）

齊藤卓志　東京科学大学未来産業技術研究所　　　[3章]
谷　泰弘　東京大学名誉教授　　　　　　　　　　[7章, 8章]
平田　敦　東京科学大学工学院機械系　　　　　　[2章, 4章]
吉野雅彦　東京科学大学工学院機械系　　　　　　[5章]

ご注意

❶ 本書を発行するにあたって，内容について万全を期して制作しましたが，万一，ご不審な点や誤り，記載漏れなどお気づきの点がありましたら，出版元まで書面にてご連絡ください．
❷ 本書の内容に関して適用した結果生じたこと，また，適用できなかった結果について，著者および出版社とも一切の責任を負えませんので，あらかじめご了承ください．
❸ 本書に記載されている情報は，2016年4月時点のものです．
❹ 本書に記載されているWebサイトなどは，予告なく変更されていることがあります．
❺ 本書に記載されている会社名，製品名，サービス名などは，一般に各社の商標または登録商標です．なお，本書では，TM，®，©マークは省略しています．

まえがき

　我が国の大学の機械工学課程では生産加工学に関連した講義が開講されており，生産加工学の教育が産業の発展に少なからぬ貢献を果たしてきた．生産加工に従事する技術者だけでなく，設計や開発に従事する技術者も，生産加工学の学習を通して，根本的なレベルにおいて加工プロセスを理解していることが，ものづくりに好ましい影響を与えている．

　さて，生産加工技術はこの四半世紀で大きな発展を遂げた．しかし，その成果を十分に反映した学部生向けの教科書は出版されていない．ひとつの加工技術を深く学習することと，現代の加工技術を俯瞰的に見る力を身に付けることはいずれも必要なことであり，後者の力を学生が身につけられるように，本書は，最新の生産加工学を基本から学習するための教科書として企画された．プラスチック成形加工，金型加工，レーザ加工，表面処理とコーティング，アディティブマニュファクチャリングなど，これまでの教科書ではほとんど取り上げられていない加工技術の章を追加し，生産加工技術の発展を教育に反映させることとした．

　カリキュラムの構成上，生産加工学の講義時間が大学により異なること，学部から大学院修士課程までの一貫したカリキュラム編成が重視されるようになったことに配慮し，本書を基礎編と応用編の2分冊で構成した．基本から学ぶ教科書とはいえ，新しい生産加工技術を含む本書は，これまでの教科書と比べると少し難しい部分があるかもしれない．そうしたところでは，分かりやすさを第一に記述するよう努めた．

　学生にとって，また教える教員にとって，本書をよりよい教科書とするため，皆様から忌憚のないご意見をいただき，今後の改訂に反映したい．本書で教育を受けた学生諸君が，これからのものづくりの発展に本書を役立てていただければ，著者一同，これ以上喜ばしいことはない．

　出版に際し，講談社サイエンティフィクの横山真吾氏には，はじめて生産加工学を学ぶ者にとって分かりやすい本とすべく，貴重なご助言と励ましをいただいた．著者を代表し心から感謝申し上げる．

2016年元旦

帯川 利之
笹原 弘之

はじめての生産加工学1　基本加工技術編　目次

まえがき ……………iii

第1章　序論　1
1.1　生産加工学とは ……………1
1.2　生産加工技術の発展 ……………2
1.3　高付加価値加工 ……………5
1.4　どうやってつくるか ……………6

第2章　鋳造　11
2.1　鋳造とは ……………11
2.2　砂型鋳造 ……………12
2.3　金型鋳造 ……………16
2.4　鋳物製品の高品質化 ……………18
2.5　鋳造法の高度化 ……………20

第3章　プラスチック成形加工　23
3.1　プラスチック材料の特徴 ……………23
3.2　代表的な加工法 ……………26
3.3　射出成形品にみられる異方性と残留応力 ……………34
3.4　進化を続けるプラスチック成形加工 ……………35

第4章　溶接・接合　40
4.1　溶接・接合とは ……………40
4.2　溶融接合 ……………40
4.3　液相－固相反応接合 ……………44
4.4　固相接合 ……………45
4.5　その他 ……………47
4.6　接合強度 ……………48
4.7　接合法の進展 ……………48

第5章　塑性加工　50
5.1　塑性加工とは ……………50
5.2　圧延 ……………50
5.3　押出し・引抜き ……………57

5.4 鍛造 61
5.5 板材成形 65

第6章 切削加工 74

6.1 切削加工の特徴 74
6.2 切削工具と工作機械 76
6.3 切削機構 83
6.4 切削抵抗 85
6.5 切削温度 87
6.6 工具の損耗 89
6.7 加工精度と仕上げ面 92
6.8 切削油剤 93
6.9 切りくず処理 94
6.10 被削性 95
6.11 複合加工機による新しい加工 96

第7章 研削加工 99

7.1 研削加工とは 99
7.2 研削加工の特徴と種類 99
7.3 研削砥石 103
7.4 砥石表面の調整技術 107
7.5 研削条件と加工状態 110

第8章 研磨加工 115

8.1 研磨加工とは 115
8.2 研磨加工の特徴と種類 115
8.3 固定砥粒研磨法 118
8.4 遊離砥粒研磨法 121
8.5 自由砥粒加工法 126

演習問題の解答 130

索　引 135

Topics
- 航空機の燃費 …………… 8
- やわらかい鋳物 …………… 22
- バイオベースプラスチック …………… 38
- ファインブランキング …………… 70
- テーラードブランク …………… 71
- ハイドロフォーミング …………… 72
- 金属に四角の穴はあけられる？　～ブローチ加工～ …………… 97
- 一般砥石と超砥粒ホイール …………… 113
- 研磨パッド …………… 128

はじめての生産加工学2　応用加工技術編　目次

- 第1章　材料と加工
- 第2章　生産システムと金型の加工
- 第3章　電気加工
- 第4章　レーザ加工
- 第5章　表面処理とコーティング
- 第6章　アディティブマニュファクチャリング（付加製造）
- 第7章　マイクロ加工

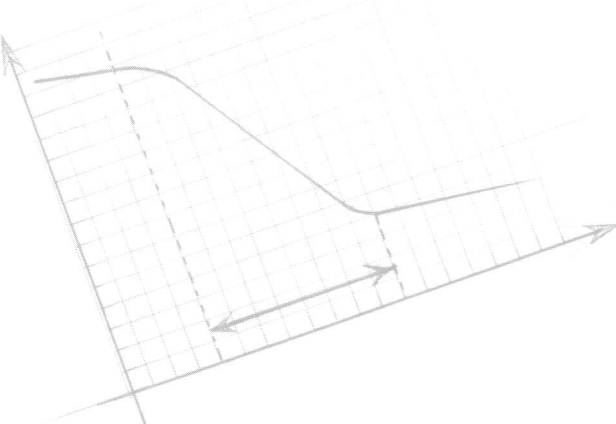

第1章 序論

● 1.1 生産加工学とは

　生産加工学（manufacturing processes）は，時代時代の生産技術と加工技術を支える学問として発展し，加工部品の機能や品質の向上，生産効率の増大，ひいては社会インフラの充実や豊かな社会の実現に貢献してきた．生産加工学の核となるのは図1.1の中心に示す各種の加工技術である．これらの加工法のほかに，**生産加工技術**（manufacturing technology）には，高精度加工，高速加工，金型加工，マイクロ加工など，目的や特徴を示す名前が多く付けられており，このことが加工技術に対する要求の多様性と加工技術の奥深さ，複雑さを表している．

　図1.2のように自動車部品や車体の一部を例に挙げるだけでも，エンジンの鋳造，エンジンのシリンダヘッドの切削加工，エンジンボアのホーニング（研削加工の一種），クランクシャフトの鍛造（塑性加工の一種），車体フレームやドアのプレス（塑性加工の一種），車体フレームの溶接，インテリアパネルのプラスチック成形加工，トランスミッション用歯車の浸炭（表面処理の一種）や歯切り（切削加工の一種），小さなものでは衝突時の加速度を検知しエアバックを膨張させるための MEMS 加速度センサのマ

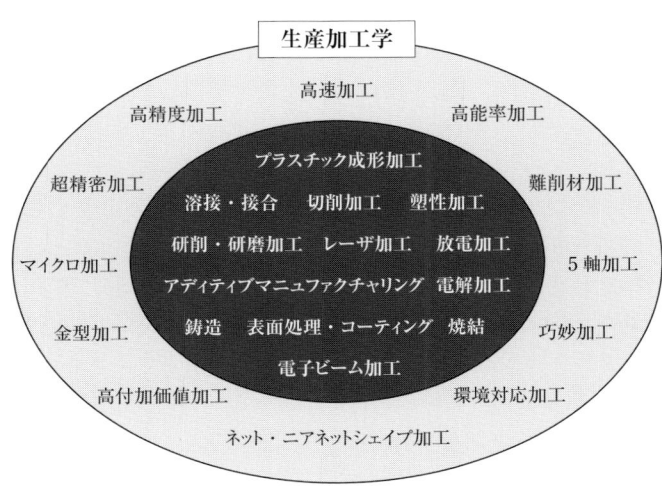

図1.1　生産加工技術の種類

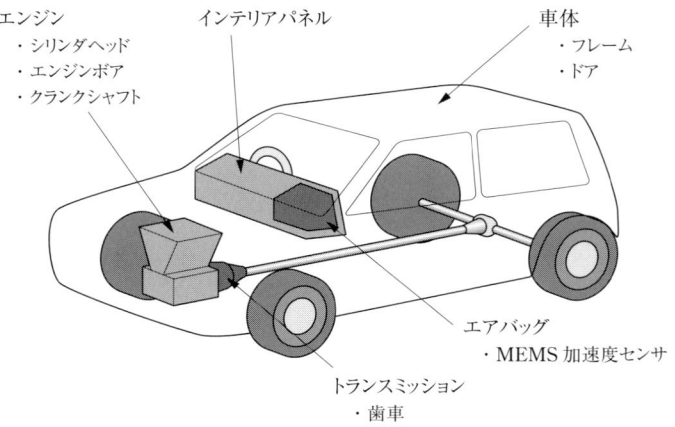

図1.2　種々の加工法が適用される自動車部品と車体

イクロ加工など，非常に多くの加工技術が自動車づくりに用いられている．また，プレスやプラスチック成形加工に用いられる金型も切削加工，放電加工，研削・研磨加工などを経てつくられており，生産加工学の裾野は非常に広い．

1.2　生産加工技術の発展

　生産加工技術において，加工精度の向上は最も重要な課題である．**工作機械**(machine tools)を用いた加工の精度は，**図1.3**[1)]に示すように，工作機械と計測機器の精度の向上により，1940年代から急速に向上し，その後の高精度加工技術と超精密加工技術の発展に貢献した．1960年代には世界的に超精密旋盤の開発が進められ，100 mm の寸法の部品で 0.1 μm の形状精度(相対精度 10^{-6})が，アルミニウム合金，無電解ニッケルリン，無酸素銅のダイヤモンド工具による切削において達成された．金属の線膨張係数は $10 \times 10^{-6} \mathrm{K}^{-1}$ 程度であるから，0.1 ℃の温度変化による金属部品のわずかな伸縮と同等の精度での超精密な加工が現実のものとなった．

　超精密切削(ultraprecision cutting)されたアルミニウム合金は，メモリーディスクに，また超精密切削面の反射率が極めて高いことからレーザプリンタの印刷情報を感光ドラム上に高速で走査するポリゴンミラーに使われるようになり，1970年代から1980年代にかけて超精密加工部品が，光学・情報関連機器に広く適用されるようになった．今日ではテレビやスマートフォンなどの液晶パネルの導光板(光源からの光を拡散し，液晶を後方から均等に照明するバックライト)用金型，デジタルカメラや光ディスクピックアップ用の非球面プラスチックレンズの金型などに超精密加工技術が

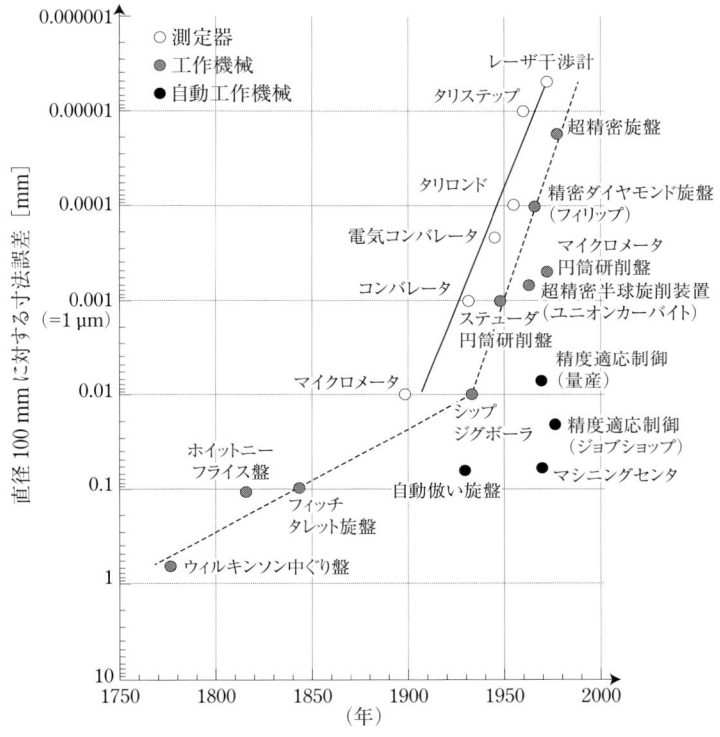

図 1.3　到達可能精度の変遷
［岩田一明，精密加工から超精密加工へ，人工臓器，17，2 (1988) 470 を参考に作成］

適用され，それらを用いて加工された超精密部品が身の回りの多くの製品で使用されている．

1980年代からの生産加工技術における大きな変化は，プラスチック使用量の急増にともなって成形加工技術が発展し，それを支える学問領域が確固たる地位を確保したことである．現在，プラスチック成形加工は，自動車のインテリアパネルや電子部品の封止，ペットボトルをはじめとする容器類などの製造に不可欠な加工法となっている．ちなみに，日本で 500 mL 以下の小さいペットボトルをつくるようになったのはそれほど古いことではなく，1996年のことである．

1990年代は，我が国の金型加工技術が飛躍的な発展を遂げ世界を席巻した時代である．熱処理された高硬度の金型材料を，高速主軸を用いてエンドミルで切削する技術が開発され，金型の製作時間が大幅に短縮された．**図 1.4** のような高硬度材料の高精度金型は，プラスチック成形加工，鍛造，ダイキャスト，プレスに多く使用され，大

量生産を支えている．

1990年代の終わりから2000年代には，図1.5のようにYAG高調波レーザ，超短パルスレーザ，ファイバレーザ，半導体レーザが次々と実用化され，レーザ加工技術が

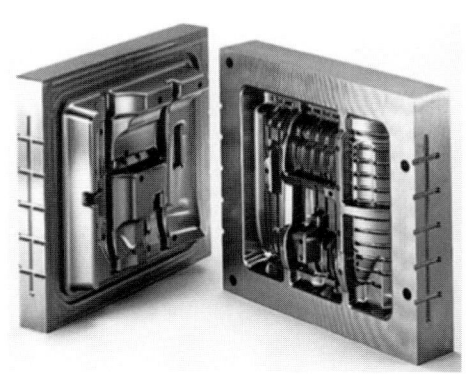

図1.4　プラスチック成形金型の例
[提供：FUJIグループ]

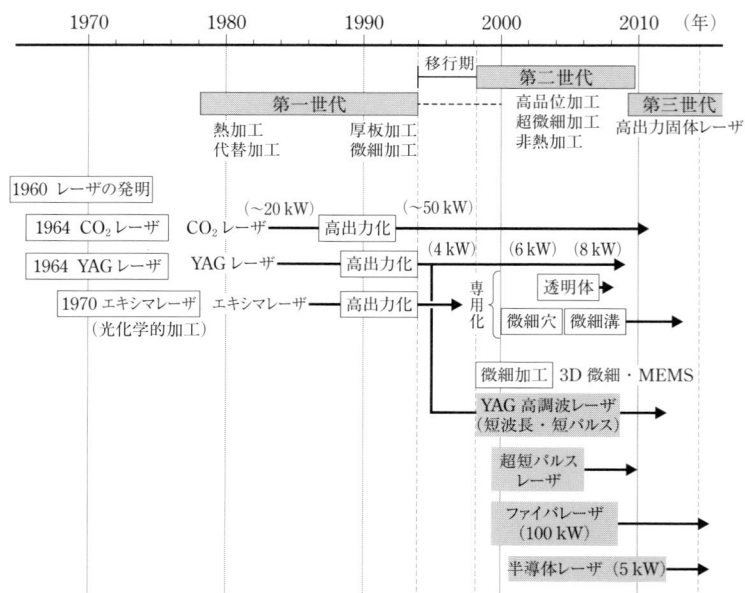

図1.5　レーザ加工技術の変遷

[新井武二，レーザー加工の最新動向，プレス技術，52, 2(2014) 18, 図1を参考に作成]

躍進した[2]．レーザ加工技術はそれまでの切断，溶接などの比較的単純な加工のほかに複雑で付加価値の高い加工にも拡大し，さらなる革新的加工技術の可能性が求められている．

2010年代に入り，アディティブマニュファクチャリング（略称 AM）に注目が集まっている．従来，ラピッドプロトタイピングや積層造形などと呼ばれた試作のための技術が集約され，2009年に新しい部品加工のための技術として命名された．加工装置の一部は3Dプリンタと呼ばれており，廉価な装置の急速な普及により，最新の加工技術であるAMが最も身近な加工法となりはじめている．また新規の加工装置と加工法が次々と開発され，AMはこれからの生産を支える**多種少量・変種変量生産**（high-mix low-volume/variable-mix variable-volume production）やテーラーメード加工のための本格的な部品加工技術となると期待されている．

1.3 高付加価値加工

社会が成熟すると，生活の質を向上させるための**高付加価値製品**（high value-added product）が広く求められるようになり，スマートフォンやタブレット用の高機能部品，インプラントや人工関節のような生体部品の加工技術がますます重要となっている．また二酸化炭素の排出量が少なく資源循環の行き届いた**持続型社会**（sustainable society）の形成に向けて，エネルギー消費の少ない高性能な機体やジェットエンジン，軽量で高剛性な自動車や鉄道車両，電力消費の少ないモバイル機器などの開発・製造において，生産加工技術の果たす役割は大きい．

高付加価値製品の開発には，**図1.6**[3]の炭素繊維複合材（CFRP）の機体のように，高性能高機能な新材料が投入されることが多い．半導体基板では，炭化ケイ素（SiC）の

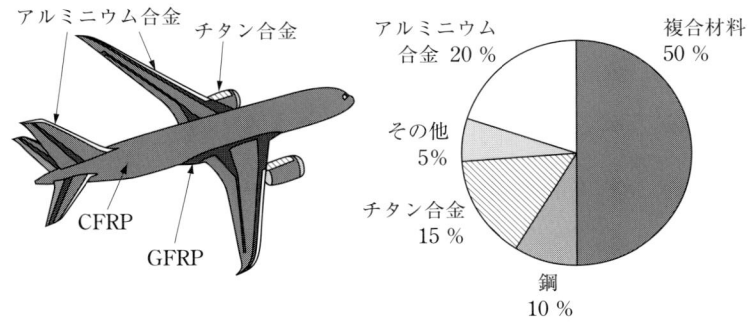

図1.6 CFRPの機体
［参考文献3）を参考に作成］

図1.7 光触媒のコーティングの有無によるガラス表面の撥水性の違い
［写真提供：TOTO 株式会社］

ウエハ，自動車では引張強さが980 MPa あるいはそれ以上の高張力鋼板，ガラスレンズやマイクロレンズアレイのための金型では超硬合金など，高性能ではあるが加工しにくい材料が次々と用いられるようになってきた．材料は使える状態に加工してはじめて付加価値が生まれるのであり，生産加工技術は付加価値の大きさを左右する．

　高性能あるいは高機能な特性を，材料全体の性質として実現するのが困難な場合でも，表層の特性を変えるだけで高性能化，高機能化が可能となることが少なくない．高機能材料は高価であることから，表面だけを高機能材料にすることは経済的にも理に適っている．図1.7のように光触媒（photocatalyst）の酸化チタン（TiO_2）をコーティングしたガラスやタイル，酸化温度が1000℃を超える超硬質コーティングの工具，光の波長より小さいモスアイ構造（応用編7章参照）を有する反射防止フィルムなど，多くの機能表面を有する材料が，意外なところに利用され，適用範囲が拡大している．

1.4 どうやってつくるか

　図1.8[4]のように両端の板が3本の細い柱でつながれた不安定な構造の部品の加工を考えよう．この部品はほどよい大きさで一見単純な形状をしているが，多軸の複合加工機を使用しても，真直棒の工作物から図1.8(b) のように3本の柱を削り出しその断面を精度のよい円形に仕上げるのは容易でない．そこで，このような技巧を要する加工を巧妙加工と呼ぶ．しかし切削加工による削り出し以外にもいくつかの加工法が考えられる．加工精度や仕上げ面の品位，工作物の材料，生産量によって加工法を選ぶ

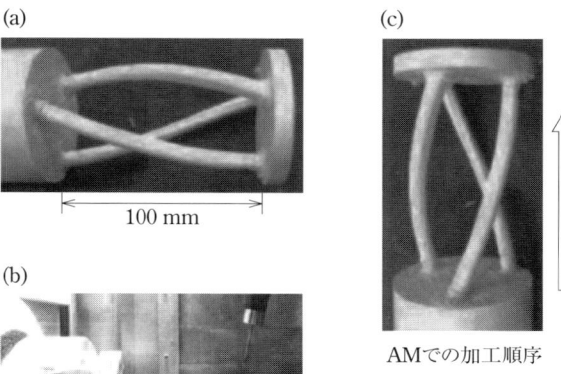

図1.8 削り出された複雑形状の部品(左)とAMで想定される製作方向(右)
［写真提供：中部大学 竹内芳美先生］

表1.1 図1.8の部品の想定される加工法とその特徴

加工法	加工精度	仕上げ面粗さ	中・大量品	少量品
AM	△	×	×	○
鋳造(精密鋳造)	△	○	△	△
プラスチック成形加工	○	○	○	×
切削加工	○	○	×	○

ことになるが，こうした自由度の高さが生産加工技術の魅力の1つであり，技術的な難しさでもある．

図1.8の部品加工の候補として**表1.1**の加工法を挙げることにしよう．それぞれの加工法の特徴については該当する章で学習してほしい．ただし，AMは応用編の6章になるので，以下に加工法の概略を説明する．AMでは，**図1.9**(応用編，図6.1)のように，まず，造形する部品の3次元CADデータを一定の間隔δで切断(スライス)し，切断面の2次元形状データを準備する．次に，切断面の形状を有する厚さδのシートを最下層から順次作製し積み重ねることにより，目的の部品を造形する．このようにAMでは単純なシート作製と積層の基本操作を繰り返すが，材料や目的に応じていく

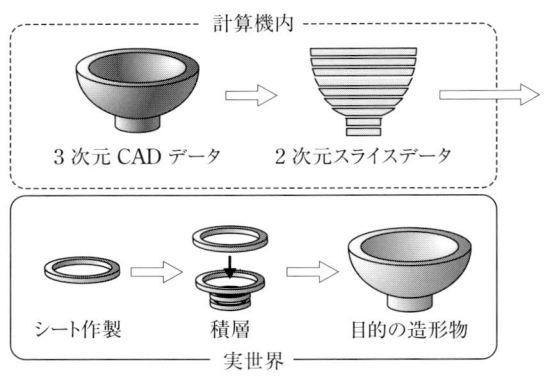

図1.9 積層造形の基本手続き(応用編, 図6.1)

つかの異なる積層方法が用いられている(応用編6章参照).シートの厚さδは,採用する方法によるが,0.1 mm程度である.したがって,身近なものを使用するAMとして,手間はかかるが,コピー用紙(厚さは1枚で約0.1 mm,500枚の積層で約50 mmになる)から切断面の形状を切り抜き,順次重ねて貼り合わせる工程を想定してみるとよい.

表1.1では加工精度,仕上げ面粗さ,生産量の観点から○,△,×の三段階評価により各加工法の適合度を示している.材料がプラスチックであればプラスチック成形加工が第一候補になる.ただし,この部品の高精度な金型を製作することが非常に難しく,また金型を使用するプラスチック成形加工では,小量の生産に対応することはできない.表1.1以外の加工法も図1.8の部品に適用できそうだが,その加工は想像以上に難しい.なお,複合加工機を用いた切削では,加工点の剛性を低下させないように図1.8(b)のように棒の右端から左側に向かって加工を進める.一方,AMでは,図1.8(c)のように下から上に向かって加工することになる.

 Topics
航空機の燃費

　航空機の燃料代は,石油の高騰により、機体にかかる費用より高くなり、燃費が航空機の性能を決める重要な要素になってきた。それでは、航空機の燃費はどのくらいの値だろうか.最大積載時の航続距離を最大燃料容量で割ることで、燃費を試算してみよう.ボーイング787-8は、CFRPを機体重量の50%まで使用し、軽量で燃費がよく環境に優しい航空機といわれている.その最大積載時の

航続距離は約 14,500 km，最大積載燃料は約 126,000 L であるから，燃費は約 115 m/L である．単位が km でなく，m であることに注意してほしい．787-8 の座席数は，国際線仕様でクルーの席も含め 250 席程度とすると，5 人乗りの乗用車の座席数の約 50 倍になるから，乗客 5 人あたりの燃費は 6 km/L/（5 名）程度になる．これより最新の航空機の燃費は，頻繁に停止と発進を繰り返す都市部での乗用車の燃費の約半分と考えればよいだろう．これに対し，アルミニウム合金を多用した大型（ワイドボディ）のボーイング 777-300ER の燃費は約 81 m/L，世代の古い大型機 747-400 の燃費は約 62 m/L であり，787-8 に比べ燃費が低下する．一方，アルミニウム合金の機体ではあるが，小型（ナローボディ）で航続距離の短い 737-8 では，燃費（218 m/L）がよい．

　航空機の燃費が悪いのは，無給油で目的地に到達するために必要な燃料を全量積載しているからである．そのため，航空機の最大積載燃料容量は非常に大きく，燃費のよいボーイング 787-8 でも上述のように約 126,000 L であり，重量に換算すると，驚くことに 787-8 の機体重量約 118 トンとほぼ同じ重量の約 101 トンに達する．

　航空機の燃料タンクは主翼の中にある．最初に胴体に近いタンクの燃料を使用し，最後に翼端に近いタンクの燃料を使用する．巡航中は，**図1**に示すように両翼の浮力で機体を支えるような状態にあるから，同じ重量の燃料を使用するなら，胴体に近いタンクの燃料を使用した方が翼のたわみを小さくできる．また翼端が重い方が，飛行が安定するといわれている．

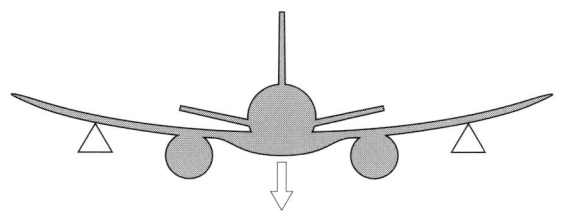

図1　巡航中の機体に作用する力のモデル

参考文献

1) 岩田一明,精密加工から超精密加工へ,人工臓器,17,2(1988) 470.
2) 新井武二,レーザー加工の最新動向,プレス技術,52,2(2014) 18.
3) http://www.carbonfiber.gr.jp/field/images/plane02_b.jpg
4) 夏目矩行,中本圭一,石田徹,竹内芳美,複数の曲がり円柱からなる複雑形状の巧妙加工,日本機械学会論文集(C編),78,786(2012) 697.

● **演習問題**

1.1 身近なもので,AMで加工すれば,もっと簡単にかつ個性的に加工できると思うものを挙げよ.なお,AMとしては,金属,セラミックス,プラスチックのいずれも使用できる3Dプリンタでの加工を想定せよ.

1.2 身近なものを含め,どのように加工したかわからないものについて,そのつくり方を調べ報告せよ.

第2章 鋳造

2.1 鋳造とは

　鋳造(casting, molding)とは，原料である金属を溶かし，あらかじめ製品形状の空洞を形成しておいた型(mold)に流し入れて冷却・凝固させて取り出し，製品をつくる加工法である．

　鋳造の歴史は紀元前5,000年ごろのメソポタミアではじまったといわれている．はじめは銅が原料として用いられたが，その後，銅の合金である青銅が用いられるようになった．さらに溶解技術の進歩，すなわち高温を生み出す方法の工夫がなされ，紀元前500年ごろの中国で鉄の鋳造がはじまった．日本に鋳造が伝来したのは紀元前数百年ごろといわれ，紀元1世紀に入り銅鐸・銅鏡，刀剣などがつくられるようになり，奈良時代には仏像，梵鐘などが盛んにつくられて現存している．鋳造技術が日本各地に広まったのは平安時代半ば以降といわれている．工業的な鋳造の利用は18世紀半ば，イギリスの産業革命を迎えてからである．

　鋳造の特徴を**表2.1**にまとめる．現在，鋳造で生産される工業製品には日用品から産業用途まで数多くの種類がある．指輪や義歯，エンジンのシリンダヘッド(**図2.1**)，工作機械のベッド，モータのカバー，船舶用のスクリュ，水・ガス用の輸送管・バルブ部品，製鉄用圧延ロール(**図2.2**)など，形状や大きさの点で非常に幅が広い．用いられる原材料の種類も鋳鉄，炭素鋼・合金鋼(鋳造された鋼を総称して鋳鋼と呼ぶ)，アルミニウム合金，銅合金，マグネシウム合金など多種である．

　型の形状を転写する加工法にはほかに射出成形(3章)，鍛造(5章)などがあるが，原料金属を一度溶かしてから固めることが鋳造の特徴である．鋳造の分野では，型を**鋳**

表2.1　鋳造の特徴

利点	・複雑な形状の製品が製作可能 ・数cm～数mまで幅広い大きさの製品が製作可能 ・多種多様な組成の合金が選択可能 ・大量生産に対応可能
欠点	・溶融金属の凝固時に収縮が生じるため寸法精度が低下 ・空隙・割れ・不純物などの欠陥が生成しやすいため製品の機械的性質が低下 ・製品の機械的性質を後加工や熱処理により改善することが困難

図2.1 シリンダヘッド
[提供：本田金属技術株式会社]

図2.2 圧延ロール
[提供：株式会社日本製鋼所]

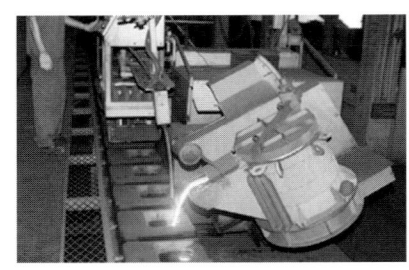

図2.3 鋳込み作業（自動注湯機）
[提供：藤和電気株式会社]

型（mold），溶かした原料金属である溶融金属を**溶湯**（molten metal）（もしくは単に湯）と呼び，型に溶融金属を注ぎ込む作業を**鋳込み**（molding, casting）（または注湯）（図2.3），製品を**鋳物**（casting）と呼ぶ．したがって，鋳造は①鋳型の製作，②原料金属の組成の選択および溶解，③溶融金属の鋳込みおよび凝固という大きく3つのプロセスからなる．本章では，先に述べた鋳造の3つのプロセスを順に概観し，鋳造による生産加工法について説明する．

2.2 砂型鋳造

2.2.1 砂型鋳造とは

砂でつくられた鋳型を**砂型**（sand mold）と呼び，砂型を用いた鋳造を**砂型鋳造**（sand casting）という．型は比較的短期間で安価に製作でき，最近ではCAD/CAMの導入により精度向上が図られている．

砂型鋳造による製作過程の例を**図2.4**に示す．まず，(a)に示す製品の形状をした模型を木，金属，プラスチックなどで作製する．模型は(b)に示すように外形を模した

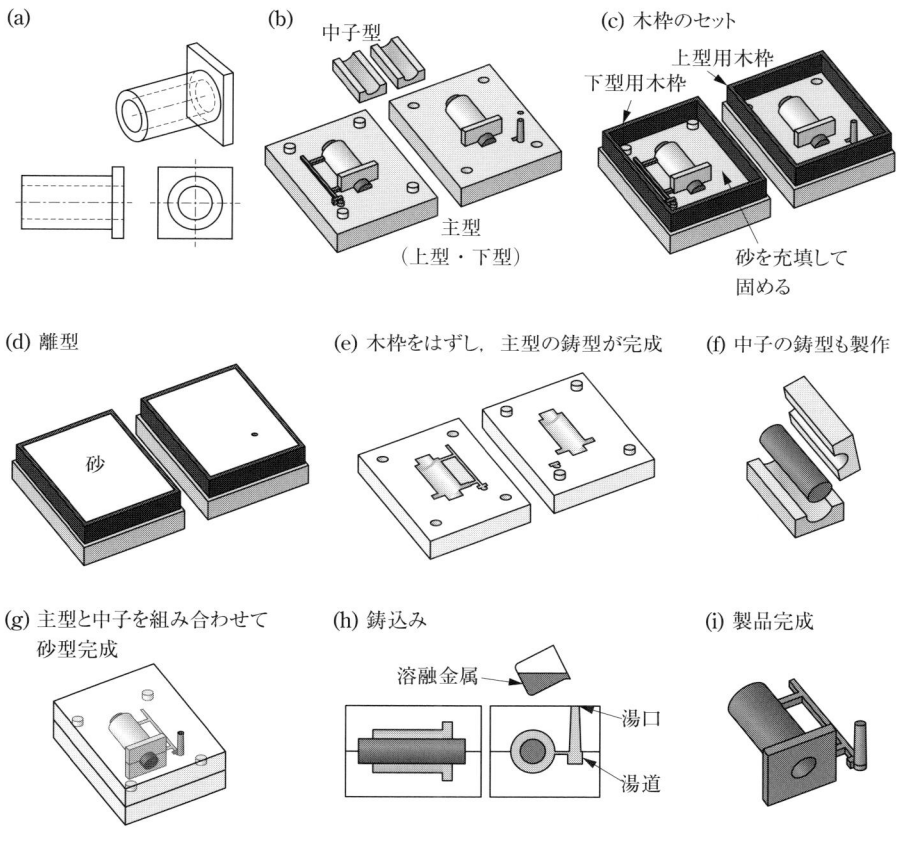

図2.4 砂型鋳造の製作過程

主型である上型・下型のほか，中心の空洞部となる中子をつくるための中子型で構成される．上下の型に木枠をセットして((c))，砂を充填して固めた後に離型し((d))，木枠をはずして主型が得られる((e))．別工程で中子を製作し((f))，主型と組み合わせて砂型が完成する((g))．溶融金属を注ぎ込むための湯口から鋳込み，冷却・凝固させ，砂型をくずして製品を取り出す((i))．したがって，砂型鋳造では製品の数だけ鋳型が必要になる．その後，不要部分の除去，表面の仕上げなどの2次加工をして，製品が完成する．

2.2.2 鋳物砂

石英(SiO_2)を主成分とする砂のうち，砂型をつくる目的で製品化されたものを**鋳物**

砂という．鋳物砂は粘土含有率2％以上の山砂と，2％以下のけい砂に分けられ，けい砂はさらに天然の海砂・川砂とけい石を粉砕した人工けい砂に分けられる．石英の融点は1,800℃以上であることから，けい砂は耐熱性に優れるため鋳物砂として利用されてきた．特に，融点の高い鋳鋼・鋳鉄の鋳造にはけい砂が不可欠である．

鋳物砂に求められる特性には耐熱性のほか，粒の形状や大きさがある．球形に近いほど砂型の密度が高くなり，砂型の機械的強さが高まるとともに，鋳肌と呼ばれる鋳物表面の品質がよくなる．また，大きさを調整することで通気性を高めることができる．

2.2.3 砂型の種類

鋳物砂を単に押し固めただけの砂型は強度の点で不十分な場合があるため，砂粒同士の結合力を強くするための方法が考案されて，砂型が製作されている．以下に，それらのうち代表的なものを挙げる．

- 生型：粘土含有率の高い山砂に水を加えて押し固めて製作された砂型である．砂粒子間に存在する粘土が砂粒同士の結合力を高めている．
- ガス型：ケイ酸ナトリウムを数％添加したけい砂を用いて製作された型である．ケイ酸ナトリウムが炭酸ガスと反応して固まる性質を利用し，成型した型に炭酸ガスを吹き付けて砂粒子間の結合力を高めている．
- シェル型：フェノール樹脂で被覆したけい砂を用いて製作された型である．フェノール樹脂は約200℃で固まる熱硬化性樹脂であり，機械的性質に優れている．離型剤を塗布した模型を加熱しておき，フェノール樹脂被覆けい砂で覆うと，模型表面に接して強く固まった層が砂型となる．この砂型は貝殻のように薄く硬いためシェル型（図2.5）と呼ばれ，寸法精度や通気性に優れている．この型を用いて鋳造する方法をシェルモールド法（shell molding）という．

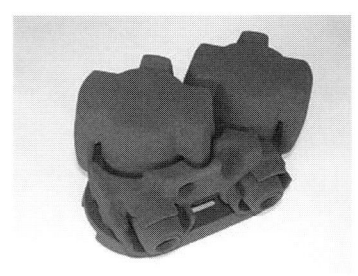

図2.5　砂型（シェル型）
［提供：千曲技研株式会社］

2.2.4 消失模型鋳造法

前述の砂型の製作では模型を再利用するため，その形状を保ったまま模型を取り出す．これに対して，模型を再利用せず，鋳込む前または最中に取り除いて鋳造する方法があり，総称して**消失模型鋳造法**（evaporative pattern casting）という．

図2.6に示すように，比較的低温で溶融する材料であるろう（ワックス）で模型をつくり，その表面をけい砂やアルミナの粒子で被覆したのち，加熱してろうを流し出す（脱ろう）と鋳型が得られる．この鋳型を用いると寸法・形状精度や表面品質のよい鋳物が製作できるため精密鋳造法に分類され，**インベストメント鋳造**（investment casting），

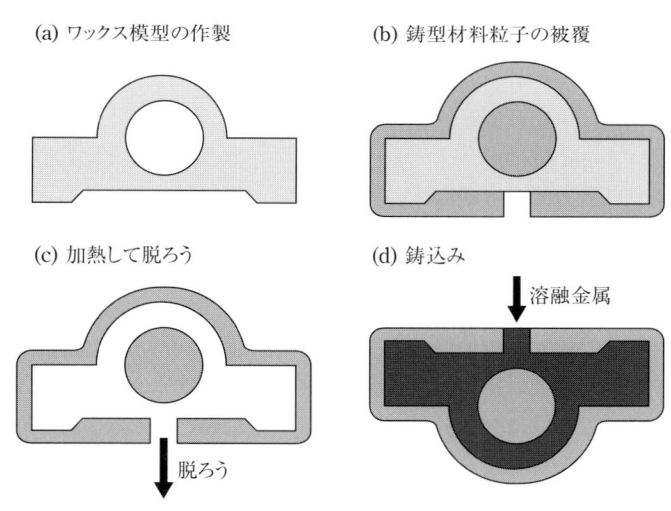

図2.6 ロストワックス法

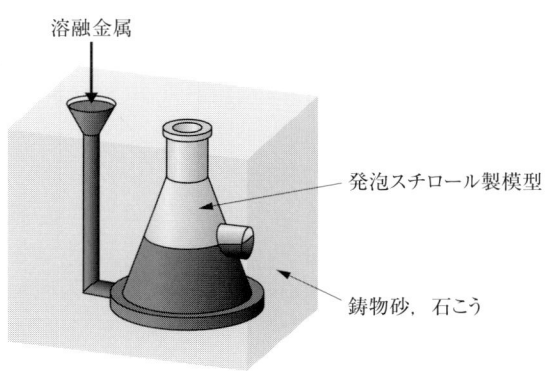

図2.7 フルモールド法

ロストワックス法（lost wax process）などと呼ばれる．細かな造形ができ，古くより仏像などの製作に用いられてきた．

また図2.7に示すように，発泡スチロールでつくった模型を型枠に配置したのちに，鋳物砂や石こうで覆い，模型を残したまま鋳込む方法がある．発泡スチロールは溶融金属の熱で燃焼，気化して消失し，金属と置換する．この方法を**フルモールド法**（full mold process）という．模型製作が容易，中子が不要などの利点があるが，発泡スチロールの燃えかすの影響をなくすための技術が必要となる．

2.3 金型鋳造

2.3.1 金型鋳造とは

金属でつくられた鋳型を**金型**（metal die，metal mold）と呼び，金型を用いた鋳造を**金型鋳造**（metal mold casting）という．金型には炭素工具鋼，合金工具鋼，高速度工具鋼などの鋼が材料として用いられ，金型鋳造は型材料より融点の低いアルミニウム合金や亜鉛合金，マグネシウム合金を原料とする製品の生産に適用される．砂型鋳造と比較して，寸法精度を高くできるとともに，冷却速度が速いため機械的性質に優れた鋳物を製作できる．精密金型の製作には高度な技術を要し，費用は高くなるが，金型は繰り返し使用することができるので大量生産に適し，経済的な生産が可能となる．一般的には，砂型鋳造と同様に，溶融金属を湯口から型内に注ぎ込んで鋳物をつくるが，このときに重力を利用していることから重力金型鋳造とも呼ばれている．鋳物の取り出しを容易にするとともに，金型の寿命を長くするために，金型には**離型剤**が塗布される．

2.3.2 ダイカスト

金型鋳造では，金型の高い機械的強さを生かして，圧力を加えて溶融金属を鋳型に注入できる．**ダイカスト**（die casting）は，油圧駆動されたプランジャで溶融金属を金型へ高速かつ高圧で注入して鋳物をつくる方法である．ダイカストの概要を図2.8に示す．圧力は10～100 MPa程度であり，1秒以下の短時間で溶融金属を押し込む．溶融金属を圧入し，冷却・凝固させ，可動金型を移動させて開き，鋳物を取り出す工程は自動化されており，生産性が高い．この方法では薄肉製品の生産が容易であり，高精度で表面粗さの小さい製品が得られる．金型と製品の例を図2.9に示す．ただし，金型を含めた設備にはコストがかかるため少量生産には適さず，また，大型部品の製作も困難である．

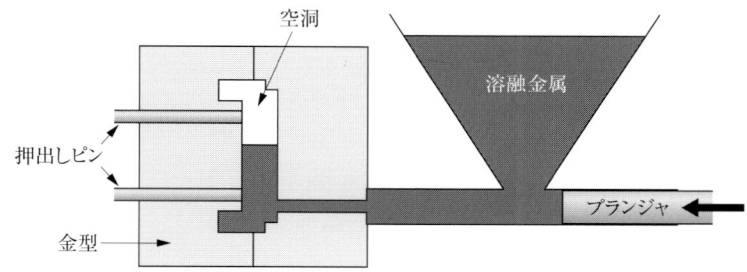

図2.8 ダイカストの概要

図2.9 ダイカストに用いる金型と製品
［提供：児玉鋳物株式会社］

2.3.3 スクイズキャスティング

　ダイカストは高速・高圧・短時間で溶融金属を金型へ注入するのに対して，溶融金属を低速で充填し，そのあと冷却・凝固が完了するまでの間，高圧力を保持する方法が**スクイズキャスティング**（squeeze casting）である．機械的性質に優れるアルミニウム合金製部品の製作に利用され，自動車のホイール，エアコンプレッサ部品，油圧バルブ部品，ブレーキ部品などが製造されている．

　注湯時の空気の巻き込みが非常に少なく，凝固過程での加圧変形により材料内の微小な空孔を押しつぶすことができるため，欠陥の少ない鋳物が得られる．そのため，スクイズキャスティングは溶湯鍛造とも呼ばれている．一方，低速での充填であることから薄肉部品への適用が難しく，厚肉で高強度，高靱性の必要な部品の生産に適している．

2.4 鋳物製品の高品質化

鋳物製品は溶融金属を原料としてつくられることから,その品質は溶融金属の性質に大きく依存する.そのため,鋳物製品の機械的特性,寸法・形状精度,製品形状の多様性・意匠性などの品質を向上するには,溶融金属の性質とともに,鋳造の各プロセスで起こる現象をよく理解しておく必要がある.

2.4.1 溶融温度

主な純金属の融点を**表2.2**に示す.これらのうち,鋳物製品によく用いられているのは主に鉄,アルミニウム,マグネシウム,銅であり,融点は650〜1550℃と幅広い.固体金属を溶解するには炉が用いられ,工業的に溶解炉と呼ばれる.構造や熱源の違いによりいろいろな種類があり,ガスの燃焼温度を利用する燃焼炉,電気エネルギーを利用する電気抵抗炉,誘導炉,アーク炉などがある.

鋳造だけでなく,工業的に用いられる金属材料は表2.2に示した純金属にほかの元素を含む合金である.したがって,その組成によって固化したときの機械的特性が変わるため,強度の点から最適な組成を選択する必要がある.一方,合金は成分元素の純金属よりも融点が低くなる特徴がある.そのため溶解プロセスを簡易化するとともに,消費エネルギーを減らす観点から,より融点の低くなる組成を選択することも重要である.

表2.2 主な純金属の融点

元素名	融点(℃)
マグネシウム	650
アルミニウム	660
銅	1,082
ニッケル	1,453
鉄	1,537
チタン	1,668
モリブデン	2,620
タングステン	3,410

2.4.2 溶融金属の流動性

鋳造では鋳型の空洞に溶融金属をすみずみまで行き渡らせる必要がある.したがって,溶融金属の充填度を高めることが所望の形状の鋳物を得るための課題となる.形状が複雑で,薄肉部があるなど,溶融金属が流れ込みにくい箇所への配慮は特に大切

である．このとき溶融金属の流動性が重要な特性となる．溶融金属の流動性をよくする，すなわち粘度を低くするには，まず溶融金属の温度を高くするほか，鋳型の温度を高くするなどの外的条件を制御する方法がある．一方，熱伝導率の低い鋳型材料を選択する，溶融金属自体に処理をするなどして，流動性を高めることができる．例えば，Al-Si系合金ではSi成分量が多いほど流動性はよくなることが知られている．

2.4.3 溶融金属中への気体の溶解

物質が溶媒に溶けて均一混合溶液になる現象を溶解，溶解の限度を溶解度という．一般に固体金属に対する気体の溶解度は非常に低いが，溶融金属では溶解度は急激に高くなり，大気中の成分を多量に含むようになる．溶解気体分子は鋳物の品質に大きな影響を与える因子であり，例えば，鋳鋼では酸素，アルミニウム合金では水素，銅合金では酸素と水素が問題となる．2.3.3項で述べたように，スクイズキャスティングを用いると，注湯時の空気の巻き込みをなくし，気体分子の影響を大幅に減らすことができる．

2.4.4 溶融金属の凝固および欠陥の発生

溶融金属が鋳型の中で冷却され固まるときに生じる組織は，鋳物の品質に最も影響を及ぼす．したがって，金属の凝固過程での諸現象と生成される組織との関係を理解することは重要である．

溶融金属が冷却すると複数の結晶が成長して凝固し，多結晶体の固体となる．一例として，鋳物に特有の金属組織を**図2.10**に示す．大きく分けて3つの組織が生じる．まず，鋳型の壁面に触れた溶融合金は急速に冷却されるため，多数の微細結晶粒で構

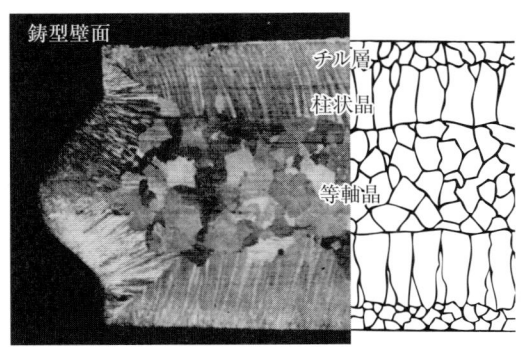

図2.10 鋳鋼の凝固組織
［佐藤知雄（編），鉄鋼の顕微鏡写真と解説，丸善（1968）Fig.5をもとに作成］

成された**チル層**(chill zone)と呼ばれる組織となる．この部分は非常に硬い外皮となる．その内部では型壁面に垂直な方向，すなわち熱の移動方向に成長した**柱状晶**(columnar crystal)と呼ばれる結晶が成長する．型の中心部では冷却速度が遅いため，結晶成長の起点である核が溶融金属内に生じ，これが特定の方向性をもたずに成長する．この結晶を**等軸晶**(equiaxed crystal)という．このように，鋳造では冷却速度・方向に依存した特有の結晶およびその集合組織が生じ，鋳物全体で組織が不均一になりやすく，均質な機械的特性を得るのは難しい．

溶融金属が冷却する過程で生じるさらに重要な現象は収縮である．液相から固相への相変化で多くの物質は体積が小さくなるが，微視的には構成原子の無秩序な配列が規則性をもつことに起因する．また凝固にともなって金属への気体の溶解度が急激に減少するため，溶融金属に溶解していた気体が放出されることへの配慮も重要である．収縮や気体放出が十分になされないことが原因となって，巣と呼ばれる空隙や，くぼみ，割れなどの欠陥が鋳物に生じる．これを防ぐには型を製作する際に縮み分を考慮する，ガスの抜けをよくする，厚さの異なる部分での冷却速度を等しくする，押湯と呼ばれる収縮分の金属補給部を設けるなどの工夫がなされる．

溶融金属中に溶解している気体は，ほかにも酸化物や窒化物などの非金属介在物が生成する原因となる．非金属介在物は材料欠陥の1つであり，数 μm の大きさでも応力集中源として疲労破壊の原因となることから，部品ひいては製品全体の寿命を縮めるため注意が必要である．

2.5 鋳造法の高度化

鋳物の機械的性質，材料学的性質のさらなる向上をはかるため，鋳造法の高度化が進められてきた．

2.5.1 真空処理の適用

溶融金属への気体の溶解によって鋳物の機械的性質が低下しないように**真空溶解**(vacuum melting)が利用されている．真空溶解では，減圧容器内で金属材料を溶解することにより脱ガス，蒸気圧の高い不純物元素の除去，非金属介在物の低減などが可能となる．高温特性が重要な耐熱材料，長い寿命や高い信頼性が要求される高品質材料に，真空溶解法が利用される．溶解には誘導炉，アーク炉，電子ビーム炉などが用いられ，例えば誘導炉では $1 \sim 10^2$ Pa の減圧下で金属を溶解する．

また，鋳型内もしくは注湯系のすべてを真空状態にする方法があり，**真空鋳造**(vacuum casting)という．真空鋳造の例を図2.11に示す．脱ガスの効果により巣がみ

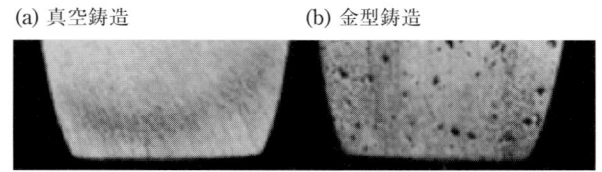

図 2.11　真空鋳造したアルミニウム合金の組織に及ぼす脱ガスの効果
［提供：日本鋳造工学会］

られないことがわかる．真空鋳造法は，ダイカストや遠心鋳造と組み合わせて適用されることが多い．チタン合金は酸素との反応性が高いため真空溶解や真空鋳造が適用されている．

2.5.2　半溶融状態の利用

　凝固途中の金属材料を機械的に撹拌すると，凝固組織が分断されて細かい球状晶が得られる．**図 2.12** に示すように，この球状晶がまだ凝固していない溶融部に均一に分散した**半溶融スラリー**（semisolid slurry）（液体中に固体粒子が分散した懸濁液）の粘性は撹拌速度や冷却速度，固相の割合によって変化し，撹拌速度が高くなると粘度が低くなる．この特性を**チキソトロピー**（thixotropy）といい，固液混合の半溶融スラリーを鋳込む方法を**レオキャスティング**（rheocasting）という．レオキャスティングにより，アルミニウム合金，鋳鉄，ステンレス鋼などの鋳造製品がつくられている．この方法の利点は，まず溶融金属と比較して半溶融スラリーの温度が低いことである．装置の寿命を長くできるとともに，高融点金属の金型鋳造が可能となる．また，撹拌によって均一かつ緻密な組織となるため，強度面で信頼性の高い鋳物が得られる．

　レオキャスティングの応用法として**チクソキャスティング**（thixocasting）がある．この方法では，半溶融スラリーを一度完全凝固させて必要量を切り出し，その後に半溶

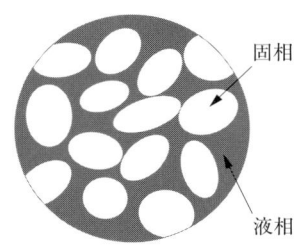

図 2.12　半溶融スラリーの構造の概念図

融状態まで再加熱して，ダイカストにより鋳造する．

> **Topics**
> **やわらかい鋳物**
>
> 　機械に使用される鋳物部品は構造部材として用いられることが多いため，一般的に"鋳物は丈夫"というイメージをもたれていると思う．これは鋳物材料のほとんどが母材金属にほかの元素を加えた合金であることと大きく関係する．合金化すると強度が高くなるだけでなく，融点が低くなって鋳造プロセスを容易にする．では純金属の鋳物はどうであろうか．通常，純粋な金属は機械部品に用いるには強さが不十分であり，鋳物の場合もそうである．その一方で，最近では高純度スズのやわらかい鋳物が自由に形を曲げて楽しめる工芸品として人気を集めている．鋳造は，エンジニアにとっては丈夫さが求められる部材をつくるための加工法であるが，古くから美術工芸品にとってなくてはならない製作法であったことを思い出させる．

参考文献
1) 加山延太郎，鋳物のおはなし，日本規格協会(2000)．
2) 森重功一，図解入門　よくわかる最新金型の基本と仕組み，秀和システム(2007)．
3) 日本鋳造工学会(編)，鋳造工学便覧，丸善(2002)．

● **演習問題**

2.1　溶解炉にはさまざまな種類がある．それらの原理，構造を調べよ．
2.2　鋳型の製作時には具体的にどのような工夫がなされているか．
2.3　鋳物の形状・寸法精度を高めるにはどうしたらよいか．
2.4　水素のアルミニウム中への溶解度変化について調べよ．
2.5　遠心鋳造とはどのような鋳造法か．

第3章 プラスチック成形加工

🛠 3.1 プラスチック材料の特徴

3.1.1 プラスチック材料とは

　天然ゴムや植物繊維といった天然の高分子材料に対し，人の手でつくり出される合成高分子材料の歴史は浅い．現在，私たちの身の回りで多くみかける，ポリエチレンやメタクリル樹脂といった高分子材料（以降はプラスチック）は，第二次世界大戦前後に，急速に普及してきたものである．

　プラスチック材料の構造を分子レベルで眺めると，モノマー（高分子を構成する基本単位）が連続的につながっており（**図3.1**），例えば分子量28,000のポリエチレンは，エチレンモノマー（分子量28）が1,000個つながっている．

　プラスチックは加熱により不可逆な架橋（分子同士が結合する）反応を生じ硬化する**熱硬化性**プラスチック（thermosets）と，加熱による溶融と冷却による固化が繰り返さ

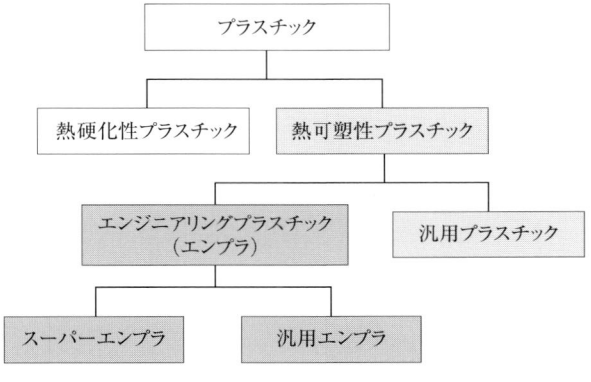

図3.1　(a) エチレン分子と (b) ポリエチレン

図3.2　プラスチック材料の分類

3.1 プラスチック材料の特徴　23

れる**熱可塑性プラスチック**(thermoplastics)に大別できる(**図3.2**). プラスチックは用途に応じてさまざまな種類が存在するため，**表3.1**にさまざまな材料種やその特徴と用途をまとめる.

表3.1 さまざまなプラスチック材料の特徴と用途

		名称	特徴	用途
熱可塑性プラスチック	汎用プラスチック	低密度ポリエチレン	水より軽く(比重 < 0.94), 電気絶縁性, 耐水性, 耐薬品性に優れるが耐熱性は低い.	包装材, 農業用フィルム, 電線被覆
		高密度ポリエチレン	低密度ポリエチレンよりやや重い(比重 > 0.94)が水より軽い. 電気絶縁性, 耐水性, 耐薬品性に優れ, 低密度ポリエチレンより耐熱性, 剛性が高い.	包装材, シャンプー・リンス容器, バケツ, ガソリンタンク, 灯油缶, コンテナ, パイプ
		ポリプロピレン	最も比重が小さい(0.9〜0.91). 耐熱性が比較的高い. 機械的強度に優れる.	自動車部品, 家電部品, 包装フィルム, 食品容器, キャップ, トレイ, コンテナ, 衣装箱, 繊維, 医療器具
		ポリ塩化ビニル	燃えにくい. 可塑剤の添加により硬さを調整できる. 比重が1.4と重い. 表面の艶・光沢が優れ, 印刷適性が高い.	上・下水道管, 雨樋, 波板, サッシ, 床材, 壁材, ビニルレザー, ホース, 農業用フィルム, ラップフィルム, 電線被覆
		ポリスチレン	透明で剛性がある一般グレードと, 乳白色で耐衝撃性をもつ耐衝撃性グレードがある. 着色が容易. 電気絶縁性が高い. ベンジン, シンナーに溶ける.	OA・TVのハウジング, CDケース, 食品容器
		ポリエチレンテレフタレート	透明で, 強靭で, ガスバリア性に優れる.	飲料・醤油・酒類・飲料水などの容器
		メタクリル(アクリル)樹脂	無色透明で光沢がある. ベンジン, シンナーに溶ける.	自動車リアランプレンズ, 食卓容器, 照明板, 水槽プレート, ハードコンタクトレンズ
	エンジニアリングプラスチック	ポリカーボネート	無色透明で, 酸に強いが, アルカリに弱い. 特に耐衝撃性に優れ, 耐熱性も優れている.	DVD・CDディスク, 電子部品ハウジング(携帯電話など), 自動車ヘッドランプレンズ, カメラレンズ, 透明屋根材
		ポリアミド(ナイロン)	乳白色で, 耐摩耗性, 耐寒性, 耐衝撃性が高い.	自動車部品(吸気管, ラジエータータンク, 冷却ファンなど), 食品フィルム, 漁網・テグス, 歯車, ファスナ
		ポリアセタール	白色, 不透明で, 耐衝撃性に優れ耐摩耗性が高い.	歯車, 自動車部品(燃料ポンプなど), ファスナ・クリップ
熱硬化性プラスチック		フェノール樹脂	電気絶縁性, 耐酸性, 耐熱性, 耐水性が高い. 燃えにくい.	プリント配線基板, 配電盤ブレーカ, やかんのハンドル・つまみ, 合成接着剤
		メラミン樹脂	耐水性が高い. 陶器に似ている. 表面は硬い.	食卓用品, 化粧板, 合成接着剤, 塗料
		ポリウレタン	柔軟〜剛直まで広い物性の樹脂が得られる. 接着性・耐摩耗性に優れ, 発泡体としても多用な物性を示す.	発泡体はクッション, 自動車シート, 断熱材が主用途. 非発泡体は工業用ロール・パッキン・ベルト, 塗料, 防水剤
		エポキシ樹脂	物理的特性, 化学的特性, 電気的特性などに優れている. 炭素繊維で補強したものは機械強度に優れる.	電気製品(IC封止材, プリント配線基板), 塗料, 接着剤, 積層板

[日本プラスチック工業連盟Web資料をもとに作成]

3.1.2 熱可塑性プラスチックの軟化と溶融

一般に物質を構成する原子や分子の熱振動は温度上昇とともに激しくなり、原子や分子が互いに拘束されている固相から、相対的な位置を入れ替えることができる液相を経て、自由に運動できる気相に至る(**図3.3**). つまり温度上昇により、原子や分子同士の相互作用が低下し、圧縮やせん断による変形が生じやすくなる。このようなメカニズムは、プラスチック材料でも定性的には同様である。ただしプラスチック材料は、大きな分子量をもつ分子同士が複雑に絡み合った構造となっているため、ある温度幅で徐々に材料の軟化や溶融が進む。特に硬いガラス状態からゴム状態に軟化する現象は**ガラス転移**(glass transition)と呼ばれ(**図3.4**)、プラスチック材料の使用条件を規定したり、成形加工のプロセス設計を行ったりする際に重要な指標となる.

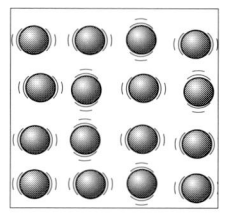 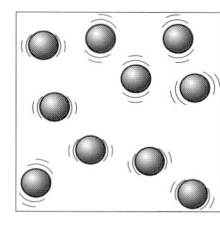 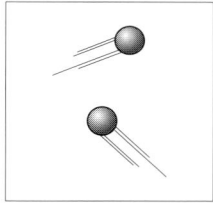

図3.3 物質を構成する原子や分子の状態(固相(左)、液相(中)、気相(右))

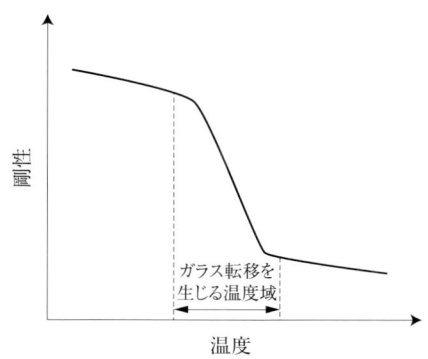

図3.4 温度によるプラスチック材料の剛性変化

3.1.3 プラスチック材料の複合化

一般的なプラスチックの引張強さはせいぜい数十MPaである。これは、プラスチック材料の強度が分子間に働く弱い力(ファンデルワールス力)により決まるためである。プラスチックの強度向上をはかるために、ガラス繊維や炭素繊維を添加した**繊維強化**

プラスチック(fiber reinforced plastics, FRP)が軽量構造部材として使用されている. 例えば, 重量分率30 %のガラス繊維を加えることで引張強さを倍以上にできるケースもある. 一方, 異なる種類のプラスチックを混ぜ合わせると, 互いの特徴を有する**ブレンド材料**(blend material)が得られる. 一例として, 割れやすいが成形性に優れるポリスチレンにゴム成分を配合することで, 割れにくい耐衝撃性ポリスチレンが得られる.

3.2 代表的な加工法

図3.5に示すように, 熱可塑性プラスチック(図のポリプロピレンからメタクリル樹脂まで)の使用量は, 熱硬化性プラスチックのそれに比べ格段に多い. これは, 加熱・冷却により材料の溶融と固化を繰り返せることが, 材料加工の観点から有利だからである. また, 単一材料として使用する場合, リサイクル性を有することも重要である.

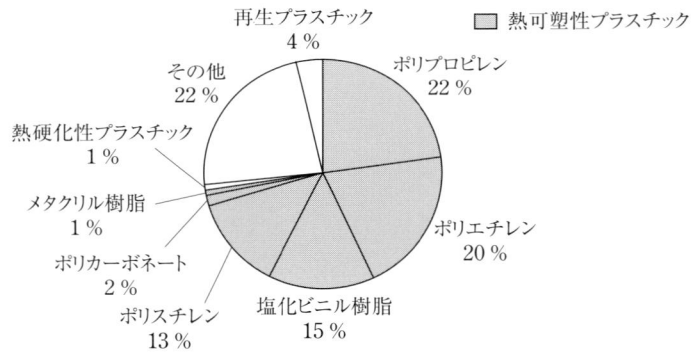

図3.5　2013年の種類別プラスチック国内消費量(総量586万トン)に占める割合
[経済産業省生産動態統計をもとに作成]

3.2.1　圧縮成形法

圧縮成形法(compression molding)は, 主に熱硬化性プラスチックの成形法として用いられる. 図3.6に示すように, 未硬化の材料を金型内にセットし, 材料を加熱することで流動性を与える. その後, 金型を閉じることで加圧と加熱を行い, 材料を熱硬化させる. 熱硬化性プラスチックの硬化は化学反応によるため, 硬化するまである程度の時間がかかる. この成形法は, 電気回路の端子台や食器などの製造に用いられる. 類似したプロセスである**トランスファー成形**(transfer molding)(図3.7)は, 半導体素子の封止工程に用いられている.

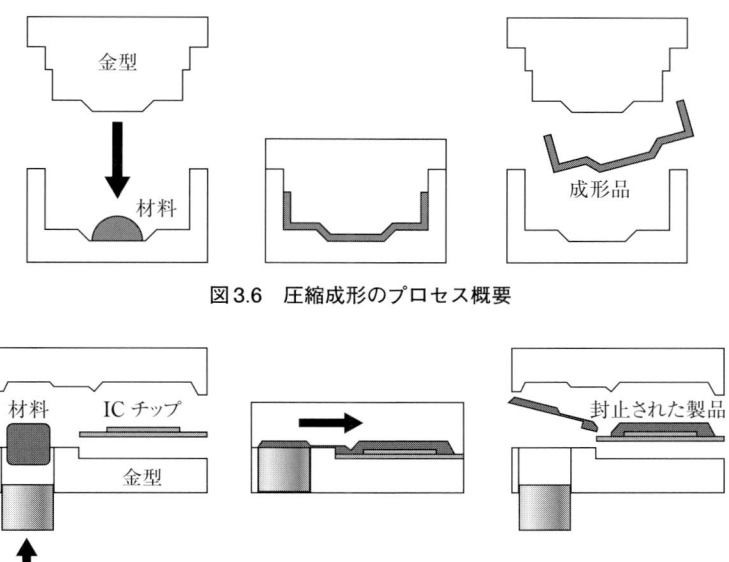

図3.6 圧縮成形のプロセス概要

図3.7 トランスファー成形のプロセス概要

3.2.2 押出成形法

　押出成形法(extrusion)では，加熱された金属筒(加熱シリンダ)の中でスクリュを回転させ，ホッパ部から送り込まれた熱可塑性プラスチックを加熱・撹拌することで溶融状態とする．装置として，スクリュが1本の**単軸押出機**(**図3.8**)(single extruder)と，2本の**二軸押出機**(twin extruder)が存在する．

　単軸押出機では，材料を可塑化した後，加熱シリンダの先端部に取り付けられた所定の断面形状をもつ口金(**ダイ**(die))から連続体として押し出す．これにより，パイプやさまざまな断面形状をもつ長尺部材が得られる．

　単軸押出における**可塑化工程**(plasticization process)は，以降のさまざまな成形法にも通じるため，少し詳しく述べる．通常，プラスチック材料は米粒状のペレットとして供給される(**図3.9**)．このような粒状のプラスチックを効率的に溶融するため，可塑化工程専用のスクリュを用いる(**図3.10**)．すなわち，供給部付近では，みぞが深く固体のペレットを効率的に送り込むことができ，圧縮部ではスクリュのみぞ深さが徐々に浅くなり，プラスチック材料の溶融と圧縮が進行する．材料の溶融は均一に生じるわけではなく，図中に示すように，少しずつ溶融領域が増える形で進行する．一番出口側となる計量部では，スクリュのみぞは浅く，スクリュ回転により高いせん断が生じるため，溶融プラスチックの均質化が進むとともに，それを押し出すために必要な

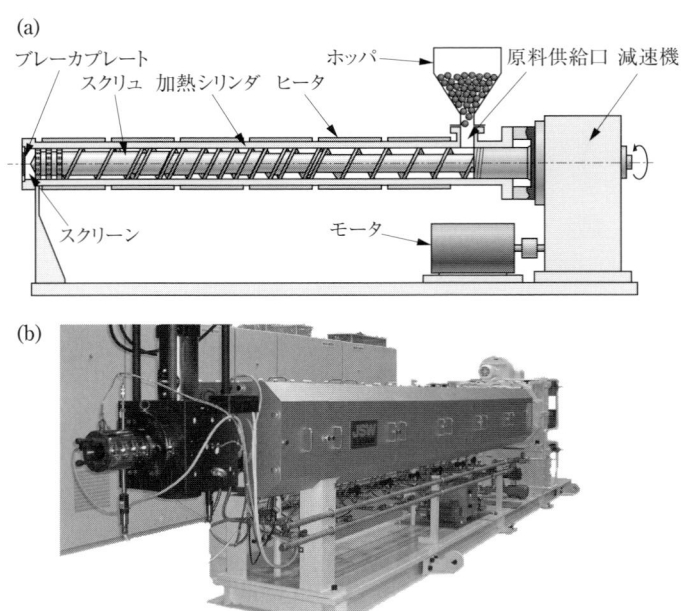

図3.8 単軸押出機の (a) 構造と (b) 外観
[写真提供:株式会社日本製鋼所]

図3.9 材料ペレットの外観

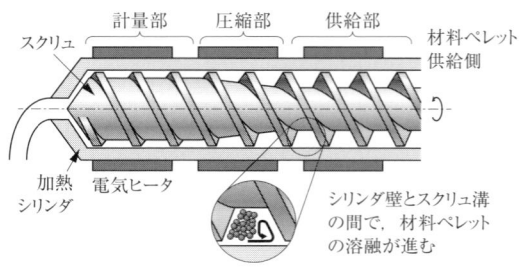

図3.10 可塑化装置の内部

圧力を維持することができる.

3.2.3 射出成形法

射出成形法(injection molding)の概念は,前述の押出成形機の出口部に,開閉可能な**金型**(mold)を設置することで成立する(**図3.11**).射出成形法は複雑形状の成形品をネットシェイプ(5.4節参照)で,成形できるため,重要な素形材加工技術として認識

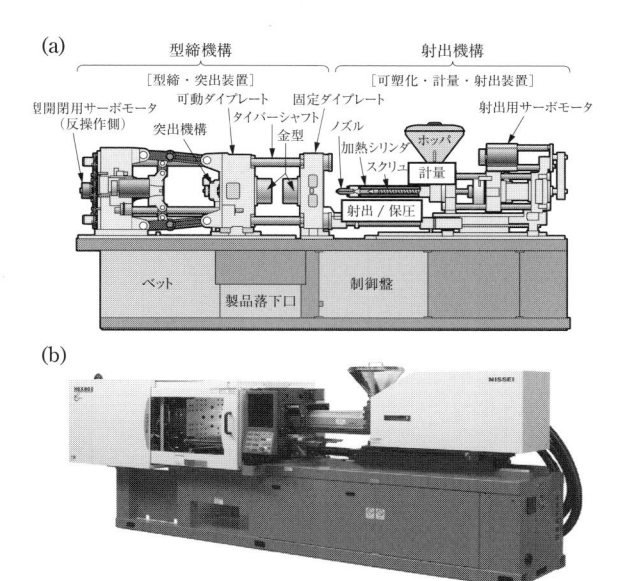

図 3.11 射出成形機の (a) 構造と (b) 外観
［写真提供：日精樹脂工業株式会社］

(a) レンズ 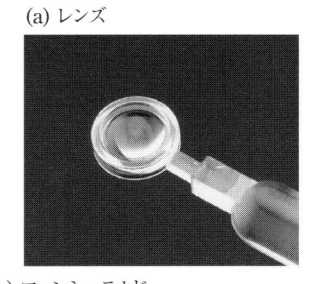
(b) カーナビ用導光板 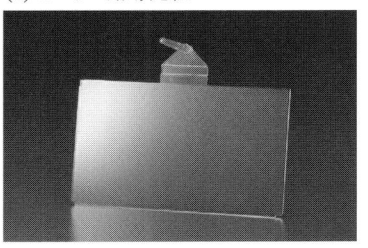
(c) ファンシュラウド 
(d) 狭ピッチコネクタ（0.4 mm）

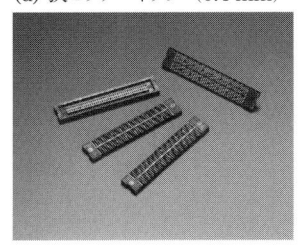

図 3.12 さまざまな射出成形品
［提供：日精樹脂工業株式会社］

3.2 代表的な加工法 29

されている．また，ほかの成形法に比べ，製品の形状精度に優れ，生産性も高い．このため射出成形法により，自動車の外装/内装部品，家電製品の筐体，レンズに代表される光学部品などが製造されている（図3.12）．

その一方，射出成形法には本質的に不合理な点が存在する．すなわち，この成形法では，金型内への材料充填と金型による材料冷却が同時に進行する（図3.13）．このため，金型表面の微細な形状を，成形品に完全に転写することは難しい．また，成形品の形状が薄く大きい場合には，充填不良（ショートショット）を生じることがある．

これらを解決するために改良された射出成形法を紹介する．1つ目は，**射出圧縮成形**（injection compression molding）と呼ばれる手法である（図3.14）．通常，金型内への溶融プラスチックの充填は，ゲートと呼ばれる注ぎ口から開始されるため，ゲート付近と遠方では材料の流動時間やその温度履歴が異なる．一方，射出圧縮成形では，充填前に金型を少し開いておき，充填中あるいは材料の1次充填完了後に金型を閉じることで，プラスチック材料を押しつぶすように充填する．通常の射出成形法では，ゲート部から遠い成形品末端まで圧力を伝えるために大きな充填圧力を要するが，この方法では金型を閉じるのに要する圧力が低く済むだけでなく，流動時間や温度履歴も均質化される．

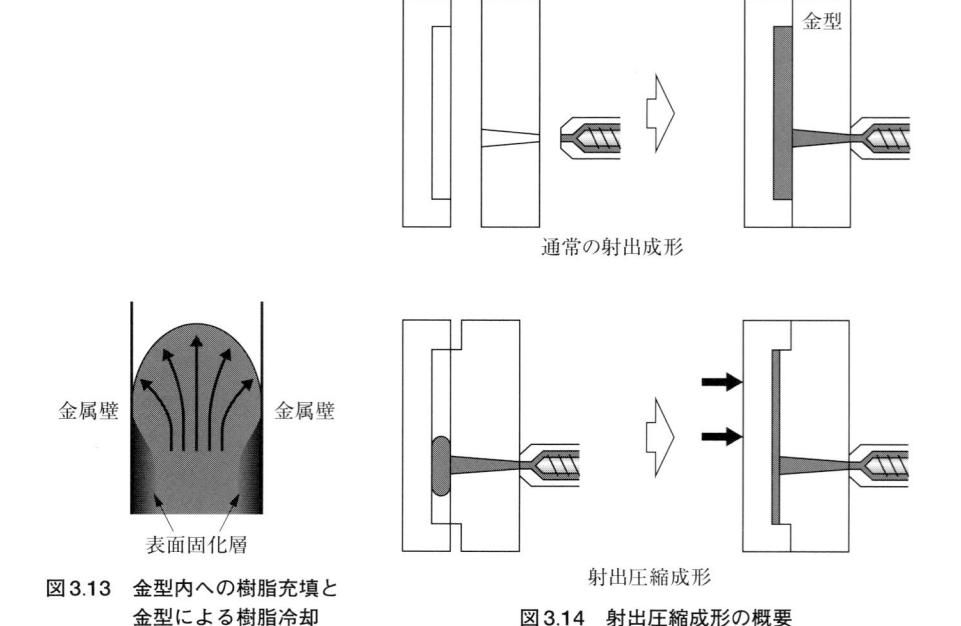

図3.13　金型内への樹脂充填と金型による樹脂冷却

図3.14　射出圧縮成形の概要

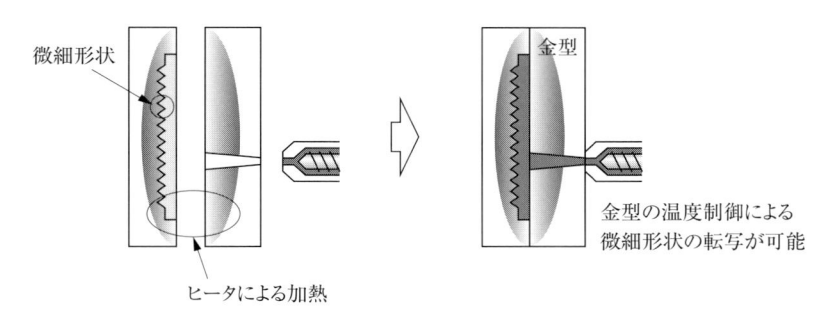

図3.15　金型温度制御による転写性向上

　2つ目は金型の温度を積極的に制御する手法（図3.15）である．図中に示すように，プラスチック材料と接触する金型表面をあらかじめ加熱する（電気ヒータを金型に挿入したり，温水／加熱油を金型内に循環させたりする）ことで，材料の流動性を維持したまま充填を完了させる．この後，金型を積極的に冷却することで，1回の成形に要する時間の延長を抑えながら，金型表面の微細な形状を正確に転写することができる．また，この手法は，ガラス短繊維や金属箔片などのフィラーを含む材料でしばしば発生する成形品表面のくもりを抑えることができるため，家電製品や情報端末機器の筐体のように，外観や表面の意匠性が重要視される場合にも採用される．

3.2.4　紡糸・フィルム成形

　紡糸（fiber spinning）プロセスにより合成繊維が，フィルム成形プロセスにより包装材や液晶パネルに使われる機能性シートなどが得られる．いずれのプロセスでも，材料が引き延ばされることで分子が伸長（あるいは延伸）され，繊維強度の向上やフィルムの光学特性制御が図られる．プラスチックの分子を引き伸ばすためには，伸張力が必要となる．粘弾性体である高分子材料の変形を扱う学問は**レオロジー**（rheology）と呼ばれ，プラスチック成形加工の現象理解に重要となる．レオロジーに関する知識を深めたい場合には，参考文献[3), 4)]を参考にしてほしい．

　紡糸プロセスは溶液紡糸と溶融紡糸に大別される．溶液紡糸はプラスチック材料を溶剤に溶かして糸状に引き延ばすプロセスであり，溶融紡糸は可塑化されたプラスチック材料を細い穴から押し出し，巻き取るプロセスである．特に溶融紡糸はポリエステルやナイロンといった代表的な合成繊維の製造に用いられる．一例として，比較的太い繊維を製造するモノフィラメント法（図3.16）では，紡糸用のダイから押し出された材料が，温度管理された温水中で熱延伸され，冷却された後に巻き取られる．これにより，漁網やロープなどで使われる繊維が得られる．

フィルム成形法（film processing）もいくつかの様式があり，最も汎用性が高いのが溶融押出法である．この手法は，さらにサーキュラーダイ法（circular die method）と

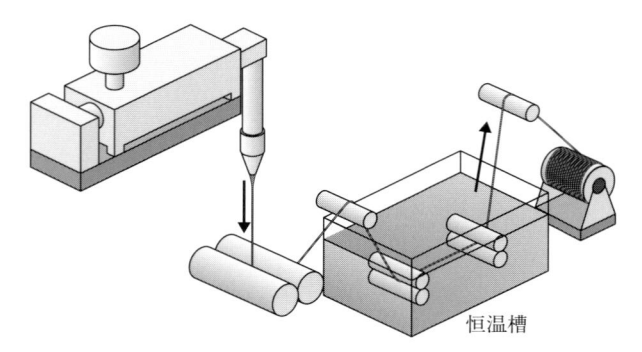

図3.16　紡糸プロセス（モノフィラメント法）の概要

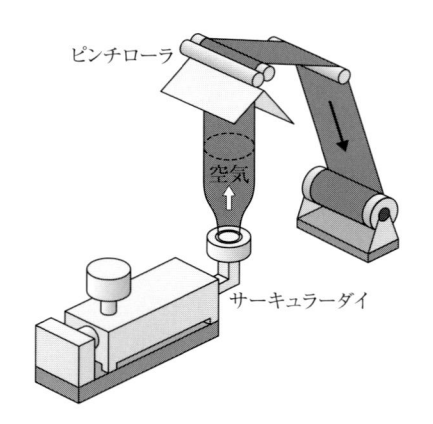

図3.17　サーキュラーダイ法によるインフレーションプロセスの概要

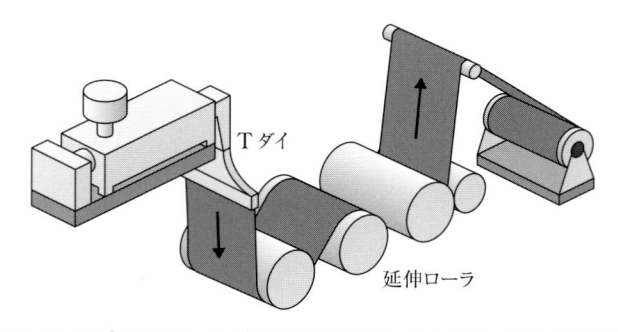

図3.18　Tダイ（フラットダイ法）によるフィルム成形プロセスの概要

フラットダイ法（flat die method）に大別される．前者はリング状のダイから押し出された溶融プラスチックを上方のピンチ（挟み込み）ローラで連続的に引き上げてバルーンを形成し，内部に空気を吹き込む（**図3.17**）．この手法は**インフレーションプロセス**（inflation process）と呼ばれ，薄く長いチューブ状のフィルムを適切な長さで切断し，その端部を熱接着することで，買い物袋やゴミ袋などが得られる．

一方，フィルムの厚さ，あるいは内部の熱・ひずみ履歴を細かく制御する場合には，**図3.18**に示すようなTダイと延伸ローラを使ったフラットダイ法が採用される．押出機の出口部形状をスリット状にすることで幅広な材料を押し出し，巻き取りローラによりフィルム長手方向に材料を延伸する．このとき，ローラの回転速度や温度を調整することで，フィルムに与える延伸倍率や熱履歴を制御し，厚さや分子配向が精密に調整された光学用途フィルムなどが得られる．

3.2.5 熱成形・ブロー成形

熱成形（thermoforming）は，フィルム状あるいはシート状のプラスチック材料を赤外線ランプなどにより加熱し，外力により型に押しつけて成形する手法であり，食品トレイや簡便な包装の製造に用いられる（**図3.19**）．型への押し付けは空気圧（正圧・負圧の両方がある）を利用するため，型は射出成形の場合のような強度を必要としない．このため，多品種少量生産にも対応しやすい．加熱温度の設定は材料ごとに異な

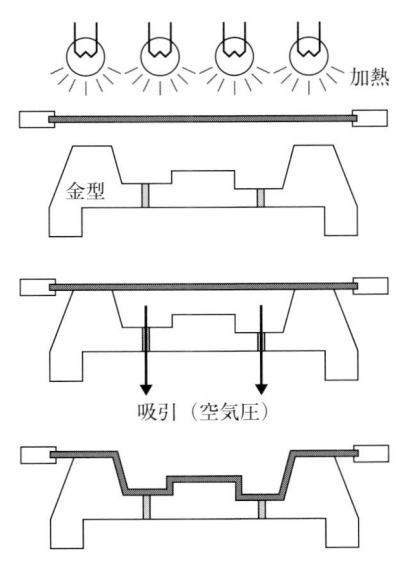

図3.19　フィルムやシートの熱成形プロセス

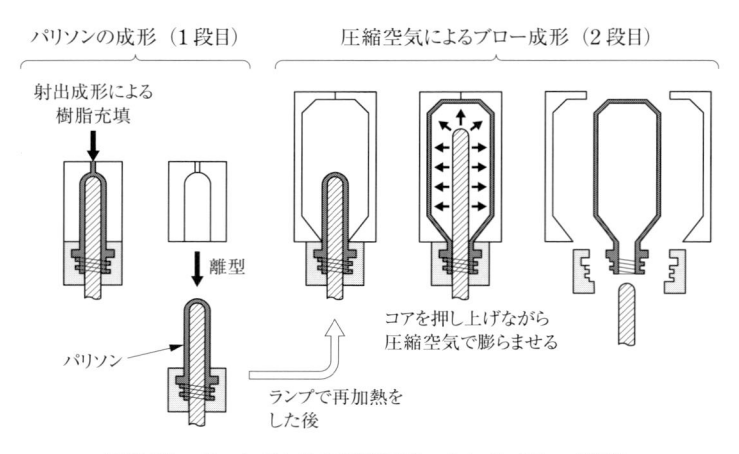

図3.20 ペットボトルの製造に用いられるブロー成形法

るが，少なくとも材料のガラス転移温度以上に加熱する必要がある．その一方で，過剰な加熱は意図しない材料の垂れ下がりを生じさせるため，プロセスを最適化するためには熱設計が重要となる．

ブロー成形(blow molding)は圧縮空気などを用いて，袋状の1次成形体を目的形状の金型内で膨らませ，薄肉の中空構造を得る手法である．この成形法もいくつかのタイプに分けることができるが，ペットボトルの製造法として採用されているブロー成形法を**図3.20**に示す．この成形法は2ステージ法とも呼ばれ，パリソンと呼ばれる1次成形体を射出成形法により用意し，赤外線ランプなどでパリソンを再加熱した後にブロー金型内で圧縮空気により膨張させる．このようにして得られるペットボトルは，軽量で割れにくいという特徴をもつため，清涼飲料水や調味料の容器として，それまでのガラス容器に取って代わることとなった．

3.3 射出成形品にみられる異方性と残留応力

射出成形法では，溶融プラスチックの温度に比べ，はるかに低い温度の金型内へ材料を高速・高圧で充填する．このため，成形品の表層部では，転写不良やプラスチックの分子が引き延ばされたまま固化するといった問題が生じる．ここでは，射出成形品の機械特性や形状安定性に影響する，分子レベルでの異方性(**分子配向**(molecular orientation))と**残留応力**(residual stress)について述べる．

金型内に充填されたプラスチック材料は，金型と接触する表面が急激に冷却され固化するものの，プラスチックの熱伝導率が小さいため，その内側では溶融プラスチッ

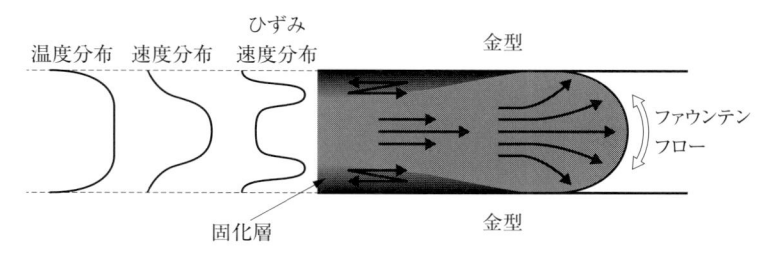

図3.21 充填流動している材料内部の状況

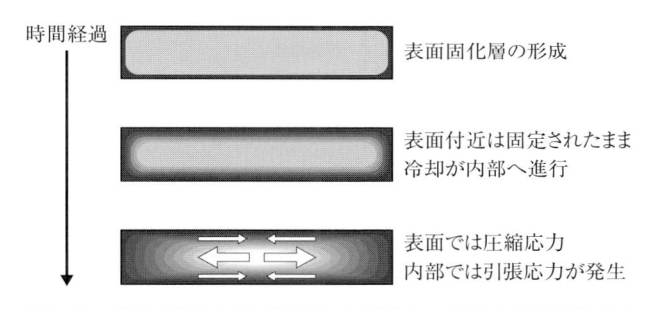

図3.22 射出成形品の冷却進行により発生する応力分布の模式図

クの充填が継続される．その結果，温度低下によりほぼ停止した表面固化層の内側を溶融プラスチックが流動し，先端部(フローフロント(flow front))においてわき出す特徴的な流動(ファウンテンフロー(fountain flow))が生じる(**図3.21**)．このとき，フローフロントで引き延ばされた分子はそのまま壁面上に移動し，壁面と接触することで急冷される．このため成形品の表面近傍では，プラスチックの分子が変形したまま固化され，大きな分子配向が残留する．

成形品の冷却の進行状況を考えると，表面は樹脂充填段階から固化するのに対し，内部は遅れて固化する．このため，最終的には成形品の表面に圧縮応力，内部に引張応力が生じる(**図3.22**)．これらの分子配向や残留応力の発生は，成形品の機械特性や形状精度に影響するだけでなく，光学用途の透明プラスチックに光学ひずみを生じさせるため，注意が必要となる．

3.4 進化を続けるプラスチック成形加工

3.4.1 超臨界流体の利用

超臨界流体(supercritical fluid)とは，液相でも気相でもない状態を意味しており，

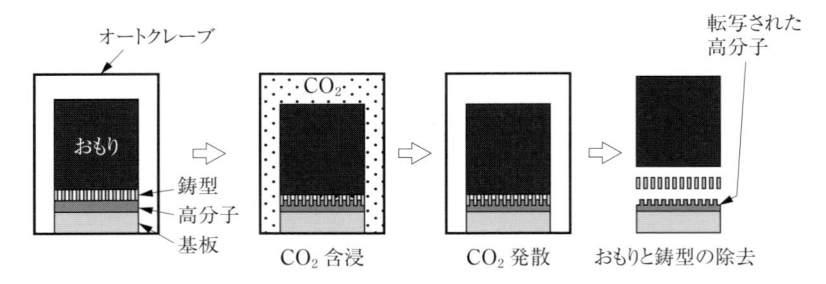

図3.23　超臨界流体の含浸による常温転写プロセスの概略
［Y. Wang, Z. Liu, B. Han, Y. Huang, J. Zhang, D. Sun, J. Du, Compressed-CO_2-Assisted Patterning of Polymers, Journal of Physical Chemistry B, 109 (2005) 12376 を参考に作成］

例えば二酸化炭素の場合，温度31℃以上，圧力7.4 MPa以上において超臨界状態となる．超臨界二酸化炭素がプラスチック材料の分子間に浸入すると，分子間距離の増加による軟化が生じ，加熱することなく材料を可塑化できる．これを利用すれば，室温付近で形状を付与したり（図3.23），部材同士を接合したりすることができる．

プラスチック材料中へのガスの含浸は加圧により行うが，含浸後に減圧すると溶け込んでいたガスが材料中で発泡する．このとき，減圧速度や温度などを管理することで発生する泡の大きさをコントロールし，高い光散乱性を有するシートや，化学発泡によらない環境負荷の小さな断熱材をつくることが検討されている．

3.4.2　炭素繊維強化プラスチック成形品の普及

自動車産業において，地球環境負荷軽減のために車両の燃費効率向上は最重要課題であり，その対応の1つとして車体の軽量化が不可欠となっている．これまでも外装/内装部品としてプラスチック材料が用いられ軽量化に役立ってきた．さらに近年は，これまで金属材料が選択されてきた強度を要する部分についても，**炭素繊維強化プラスチック**（carbon fiber reinforced plastics，CFRP）への置き換えが検討されている．

従来のCFRP成形では，炭素繊維の織物シートにあらかじめ熱硬化性プラスチック（エポキシ樹脂）を含浸させたプリプレグと呼ばれる中間材料が用いられてきた．これを型に沿って積層し，オートクレーブで熱硬化させて航空宇宙用途の信頼性の高い成形品を得ている．しかし，その成形時間は非常に長く（数十分～数時間のオーダ），大量生産が求められる自動車分野への展開は難しいとされてきた．ところが，成形品の性能や信頼性を一定のレベルに維持しつつ，大幅に成形時間を短縮できるRTM（resin transfer molding）という手法により，車体上部のキャビン部分がCFRPでできた電気自動車がドイツの自動車メーカから2013年に発売された（図3.24）．RTMでは一次的

図3.24　キャビン部分がCFRP製の電気自動車
［提供：ビー・エム・ダブリュー株式会社］

な形状を与えた炭素繊維シートを金型内にセットした後に熱硬化性プラスチックを充填し，硬化後に成形品を取り出す．現在は，さらに生産台数が多い大衆車への適用を見据え，一層の生産性向上を可能とするため，用いるプラスチック材料を熱硬化性から熱可塑性に置き換えたCFRTP（carbon fiber reinforced thermoplastic）に関する研究が進められている．

Topics
バイオベースプラスチック

　地球環境を守ろうとする世界的な動きの中で，石油化学工業の産物であるプラスチック材料も，その素材から大きく変わる可能性が出てきている．つまり，石油などの化石資源からではなく，バイオマスなどの非化石資源からプラスチックを作り出す取り組みが活発化している．例えば，ヒマシ油からポリアミド11，サトウキビやトウモロコシから抽出されたでんぷんによりポリ乳酸をつくり出すことがすでに可能となっている．現状では，その生産量は100～200万トンのレベルであり，プラスチック材料全体の1％にも満たない．また，ポリ乳酸自体は耐熱性が低く，硬くて脆いため，ブレンド技術などによる材料改質と，材料としての機能をうまく引き出す成形加工プロセスの開発も欠かせない．

　植物由来のプラスチック（**バイオベースプラスチック**）がもつアドバンテージとして，カーボンニュートラルという考え方がある（**図1**）．つまり，植物はその成長に際して，光合成により大気中の二酸化炭素を取り込む．このため，バイオベースプラスチックは燃焼や分解により二酸化炭素を発生したとしても，地球上の二酸化炭素の総量に影響を与えにくいというものである．

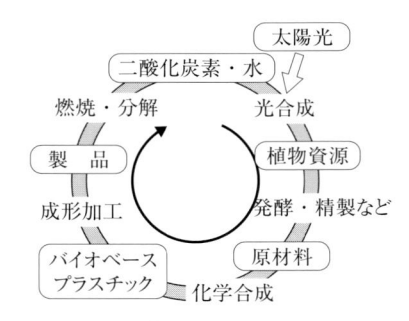

図1　バイオベースプラスチックのカーボンサイクル

参考文献
1) プラスチック成形加工学会（編），先端成形加工技術Ⅰ，プラスチックス・エージ（2012）．
2) プラスチック成形加工学会（編），先端成形加工技術Ⅱ，プラスチックス・エージ（2013）．
3) 村上謙吉，レオロジー基礎論，産業図書（1991）．
4) 増渕雄一，おもしろレオロジー，技術評論社（2010）．

●演習問題

3.1 以下の文章の空欄に語句をあてはめよ．
（　①　）プラスチックは，加熱／冷却により繰り返し溶融／固化できるが，（　②　）プラスチックは，加熱により不可逆的に固化する．また，室温では硬いプラスチック材料でも，加熱すると（　③　）という現象を生じるため，しなやかさが増す．

3.2 射出成形機の能力を，その型締め力（50 tf など）により表すことがある．金型が開く方向への成形品の投影面積を 100 cm^2，樹脂の充填圧力を 50 MPa とするとき，必要となる型締め力（単位 tf）を求めよ．ただし，充填圧力は金型内で静水圧的にかかるものと仮定する．

補足：tf（トンエフ）を SI 単位に換算すると 1 tf ＝ 1,000 kgf ＝ 9.8 kN である．

3.3 以下に示す1〜4の成形品について，製造に適した成形法をa〜dから選べ．

1	IC パッケージ	a	押出成形
2	バンパ	b	射出成形
3	農業シート	c	トランスファー成形
4	ガスパイプ	d	フィルム成形

3.4 ステンレス（密度 7,900 kg/m^3，ヤング率 196 GPa）製の部材からガラス繊維強化プラスチック（密度 2,000 kg/m^3）製の部材へ交換を検討している．比ヤング率（ヤング率を比重で除した値）を同等とすることを条件として，最低限必要なガラス繊維強化プラスチックのヤング率を求めよ．

3.5 2つの半無限物体が理想的な状態で接触した際，その界面温度は次式で与えられる．

$$T_i = \frac{T_1 \sqrt{\rho_1 c_1 \kappa_1} + T_2 \sqrt{\rho_2 c_2 \kappa_2}}{\sqrt{\rho_1 c_1 \kappa_1} + \sqrt{\rho_2 c_2 \kappa_2}}$$

ただし，式中の T, ρ, c, κ は温度，密度，比熱，熱伝導率を表し，添字の i, 1, 2 は界面，材料1，材料2を表す．

上式を使って，溶融プラスチックと金型が接触した瞬間の界面温度を推定せよ．なお，物性値は下表を用いよ．

	密度 [kg/m^3]	比熱 [J/(kg K)]	熱伝導率 [W/(mK)]	初期温度 [℃]
金型	7,800	460	52	30
プラスチック	930	2,300	0.33	200

第4章
溶接・接合

4.1 溶接・接合とは

　工業製品の中には，スプーン・フォークなどの食器，ドリル・医療用メスなどの刃物のように1つの部品だけからなり，使用されているものがある．しかし，ほとんどの製品は個々につくられた部品の組み合わせで構成されている．単純な組み合わせのものでも，フライパン，はさみ，眼鏡など身近にあふれている．

　ここで冷蔵庫など家電製品，コンピュータに代表されるデジタル機器から航空機，工作機械などをみると，それらは非常に多くの部品から組み立てられていることがわかる．例えば自動車では，1台生産するのに2～3万個の部品が使用されている．それらは物理的または化学的に結合した状態となり，自動車が完成する．この結合状態をもたらす加工技術が**溶接**(welding)・**接合**(joining)である．

　溶接・接合は工業製品をつくり出すためには必要不可欠な加工技術であり，機械システムに限らず，電気機器・電子デバイス，建物・橋梁などの構造物をつくる際にも重要な役割を果たしている．その目的は，部品の組み合わせにより新たな機能・特性を生み出すことにある．部品同士を結合させる技術には多くの種類があり，材料の溶融・凝固，材料の流動・混合，材料接触面での原子の移動・浸入，摩擦力など，さまざまな原理が応用されている．本章では，複数の部品を組み合わせて一体化し，新たに機能・特性を付与する方法について説明する．

4.2 溶融接合

　溶融接合(fusion welding)とは，金属部品の接合部を加熱により溶かして，さらに必要があれば外部から溶かした金属を補充して混ぜ合わせて一体化する方法で，**溶接**とも呼ばれる．接合部の強度が高いため，多くの工業製品や構造物を生産，建設するのに適用されている．

4.2.1　ガス溶接

　ガスの燃焼によって発生する熱エネルギーを利用して接合する方法を**ガス溶接**(gas welding)という．ガス溶接では可燃性ガスであるアセチレンとともに支燃性ガスである酸素が通常用いられる．図**4.1**に示すように，高圧ガスボンベに充填されているガ

図4.1　ガス溶接

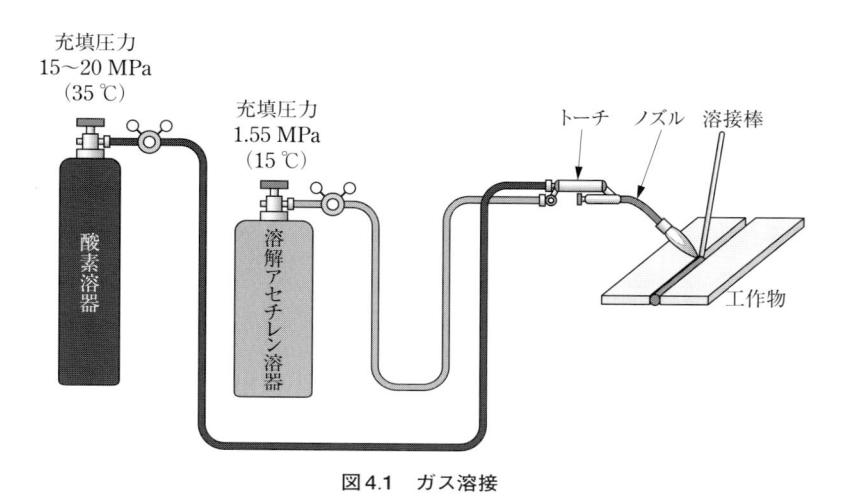

スをホースでトーチに導き混合して，ノズルから噴出させ，点火して燃焼させる．混合ガスの燃焼は発熱反応であり，炎の中心部は最高で約3,000℃に達する．接合部に炎を吹き付け，金属を補充するための**溶加材**（filler metal）である溶接棒とともに加熱，溶融させる．

　ガス溶接は装置が簡便で移動が容易であり，電気のような外部エネルギーを必要としないため，作業性に優れている．また，ガスの燃焼具合を調整し，炎の吹き付け方を工夫することで温度調整ができるため，薄肉部品や低融点材料に適用できる．一方，加熱範囲が広く溶接部に熱が集中しないため，厚板や大型部品への適用は難しい．

4.2.2　アーク溶接

　アーク放電の電気エネルギーを利用して接合する方法を**アーク溶接**（arc welding）という．外部電極と工作物間でアーク放電を発生させ，溶接する2つの部材に溶接棒を溶け合わせることで接合する．アーク放電では電極間の電位差は数十Vと小さいが，電流は数十〜数百Aと大きく，電極付近の電流密度が非常に高いため，大きなエネルギーが効率よく溶接部に集中する．アークの温度は6,000℃にも達するので，溶接時には大気中に存在する酸素や水分の影響を避けるため，溶融部を外部雰囲気から遮蔽する必要がある．その方法には粒・粉状のフラックス（金属の表面の酸化膜や汚れを除去し清浄化する溶剤）で溶接部を覆う方法と，不活性ガスを吹き付ける方法がある．特にアルゴンなどの不活性ガスによるガスシールドアーク溶接法が有効であり，**図4.2**に示すように，溶接棒が外部電極を兼ねた消耗電極式の**MIG溶接**（metal inert gas welding）と高融点材料のタングステンを電極に用いて，電極を溶融させない非消

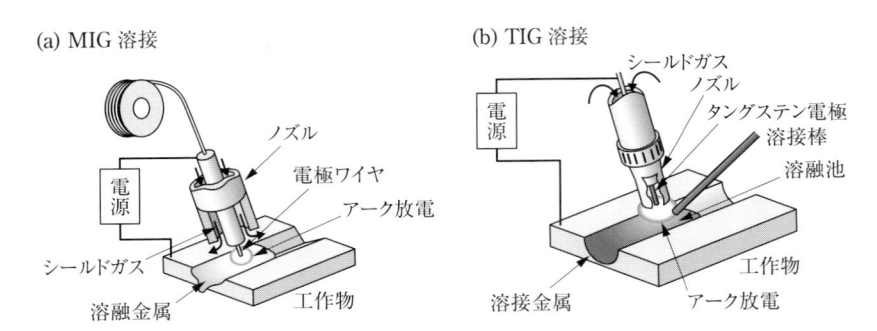

図4.2　アーク溶接の方式

図4.3　TIG溶接部

耗電極式の**TIG溶接**(tungsten inert gas welding)がある．

ステンレス鋼部品のTIG溶接部を図4.3に示す．外部電極が左から右に移動し，溶融部が凝固してできた円弧状の模様が観察される．

4.2.3　高エネルギービーム溶接

アーク放電よりもさらにエネルギーを集中させて局所的に供給するために，高エネルギービームであるレーザ光，電子ビームが利用されている．これらを用いた溶接をそれぞれ**レーザ溶接**(laser-beam welding)，**電子ビーム溶接**(electron-beam welding)という．これらはビーム径が細くエネルギー密度が高いだけでなく，ビーム強度および照射時間の制御性に優れること，ビームの走査が可能であることなどにより，ほかの方法での接合が困難な耐熱合金や，異種金属の組み合わせ，非常に薄い部品などの接合が可能である．図4.4に各方法による溶接部断面の模式図を示す．TIG溶接，レーザ溶接，電子ビーム溶接の順に接合部の幅が小さくなり，溶融領域が深くなることがわかる．

レーザ発振器には高出力の炭酸ガスレーザやYAGレーザが利用されており，レーザ

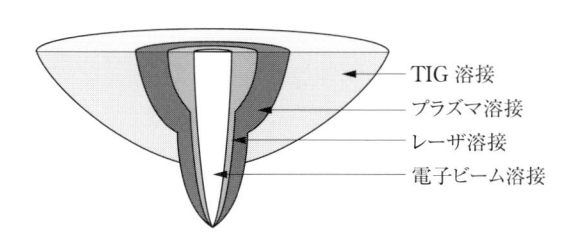

図4.4 溶接部断面の模式図

- TIG溶接
- プラズマ溶接
- レーザ溶接
- 電子ビーム溶接

光が数十μm径に集光されて溶接に利用されている．レーザ光はミラーやファイバで伝送され，レンズなどで構成される光学系により集光，走査して駆動テーブルに設置された工作物の溶接部に照射される．レーザ光の伝送や照射は空気中で行えるが，溶接部には酸化を防ぐためアルゴンや窒素などのシールドガスを吹き付ける．

電子ビームではレーザ光と比較してさらに高いエネルギーを狭い領域に集束できる．電子銃で生成された電子ビームを真空容器内で工作物に照射して溶接を行う．電子ビームの運動エネルギーは照射部で熱エネルギーに変換され，接合部が溶融する．電子は気体分子に衝突するとエネルギーを失うため，減圧雰囲気である真空の環境が必要となるが，接合部には酸化の問題は生じない．

4.2.4 抵抗溶接

抵抗溶接（resistance welding）とは，図4.5に示すように，工作物の接触部を加圧しながら電流を流し，接触部に発生するジュール熱を利用して溶融・接合する方法であ

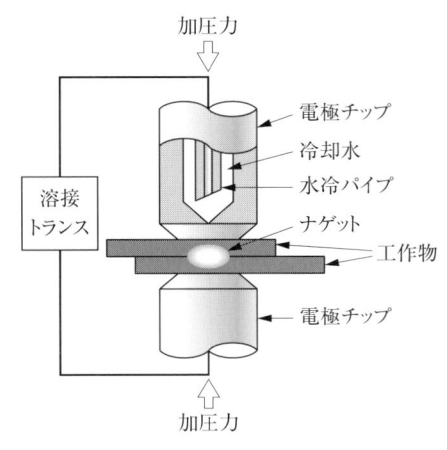

図4.5 抵抗溶接

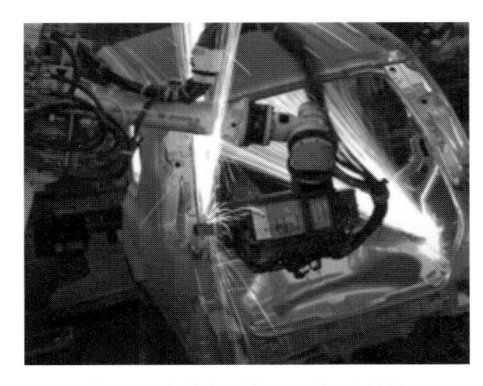

図4.6 自動車車体のスポット溶接
［提供：日産自動車株式会社］

る．抵抗溶接のうち，厚さ数 mm の板状部品を重ねて細い棒状電極の端面で挟み，加圧して電流を流す方法を**スポット溶接**（spot welding）といい，点状の接合部が形成される．電極には銅合金が用いられ，短時間の通電で接合することができる．適切な接合強度を達成するには加圧力，電流の大きさ，通電時間を部品の材質・厚さに応じて制御する必要がある．例えば，アルミニウム合金は熱伝導率が高く，融点が 660 ℃ と低いため，短時間に電流を流すようにする．電極で部品を挟むため，溶接部は限定されるが，容易に自動化ができ，図 4.6 のように自動車の組み立てラインなどへ適用されている．

物体同士の接触面には**接触抵抗**（contact resistance）と呼ばれる電気抵抗が生じる．微視的にみると表面は滑らかでなく微小な凹凸があるので，接触抵抗は実際に接触している表面微小凸部の形状と断面積，酸化膜や吸着物の状態などで決まり，金属材料固有の電気抵抗より高い．そのため，通電初期には接触抵抗によって接触部が発熱し，その後，材料固有の電気抵抗により発熱が増大して溶融・接合に至る．

4.3 液相 – 固相反応接合

液相 – 固相反応接合（liquid-solid state joining processes）とは，接合部の界面に，接合部品材料より融点の低い金属を溶かして流し込み，固化させて接合する方法である．したがって，接合部品は溶融せずに接合される．そのため，薄肉や小寸法，複雑形状，高い熱伝導率の部品や，熱的特性の異なる異種金属間など溶融接合の難しい場合に有用な接合法である．接合に用いられる金属をろう，ろうを用いた接合をろう接という．

ろうには融点の異なるさまざまな材質のものが利用されている．一般にその分類は，アメリカ溶接学会の規定に従って，融点が 450 ℃ より高い硬ろうと，450 ℃ より低い軟ろう（またははんだ）に区分されている．硬ろうを用いるろう接を**ろう付け**（brazing），軟ろうを用いるろう接を**はんだ付け**（soldering）という．最近では，軟ろうとして有害な鉛を含まない鉛フリーはんだを使うことが一般的になっている．

ろう付けは，溶融接合は適用できないが比較的大きな接合力が求められる場合，広い面で接合したい場合，気密性も確保しながら接合したい場合に適用される．銅パイプの接合例を図 4.7 に示す．一方で，はんだ付けは接合力は小さいが比較的低温のプロセスであるため，図 4.8 に示すように，熱の影響が問題となる電子回路部品や半導体デバイスの配線基板への接合に適用されている．

部品表面には微細な凹凸や，それより大きい周期のうねりと呼ばれる表面凹凸が存在し，部品表面同士を重ね合わせても，微視的には凸部同士のみが接触していて，多くの隙間が生じている．溶融したろうはこの隙間に流れ込む．強い接合力を得るには

図4.7　ろう付け部品

図4.8　はんだ付け部品

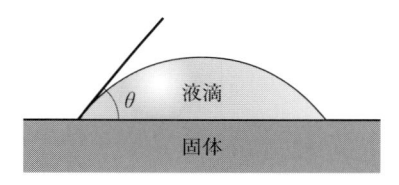

図4.9　固体表面での液体のぬれ

隙間なくろうで満たされることが必要であり，接合部品表面でのろうの広がり具合である**ぬれ性**（wettability）が重要となる．ぬれ性がよい，すなわち**図4.9**に示すぬれ角 θ が小さいほど，溶融したろうは接合部材表面を覆い，接触界面の隙間を満たすようになる．一般に，部品表面が油分や酸化層で覆われているとぬれ角が大きくなって，ろうは表面ではじかれたような状態になり，適切な接合が難しくなる．例えば，表面に酸化クロム層の存在するステンレス鋼では，この酸化層を取り除かないとろう接は困難である．ろうのぬれ性を高めるのには，部品表面の洗浄や，酸化層除去のためのフラックスの利用が有効である．

4.4　固相接合

固相接合（solid-state welding）とは，部品の接合部を溶融させることなく接合する方法である．加圧して接合面同士を接触させる圧接が一般的であり，接合の際に加熱することが多い．固相状態で接合が行われるため，熱変形が小さい，溶接時に発生する強い光やヒューム（金属の蒸気）がない，重量増加がないなどの特徴がある．

4.4.1　摩擦圧接・摩擦撹拌接合

摩擦圧接（friction welding）とは，部品同士を接触させて相対運動を生じさせて，摩擦により加熱し，接触部の圧力を高めて接合する方法である．例えば，棒の端面同士

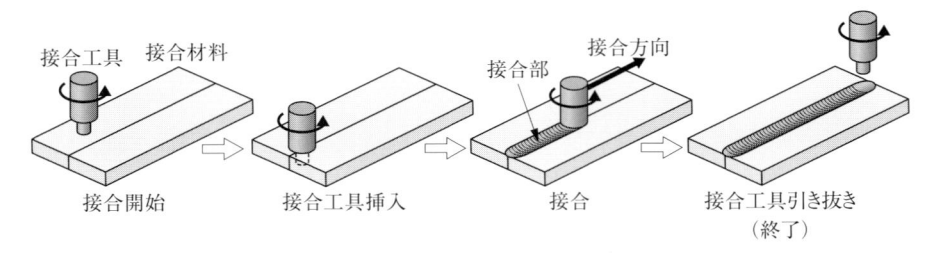

図4.10 摩擦撹拌接合

を突き合わせ，一方を固定し，もう一方を回転させて接触面での摩擦熱を生じさせることで接合する．また，一方の部品に数十kHzの周波数の超音波を与えて接触面を微小振動させて摩擦を生じさせ，それによる温度上昇を利用する超音波圧接法もある．金属同士だけでなく，プラスチック同士，金属とプラスチックの接合もできる．

一方，回転工具を用いて摩擦熱を生じさせて接合する方法があり，**摩擦撹拌接合**（friction stir welding，FSW）という．この方法では図4.10に示すように，端面に突起を有する接合工具を回転させながら部品同士の突き合わせ面に押しつけて陥入させ，生じる摩擦熱で軟化した突き合わせ面の両側の金属を撹拌して混ぜ合わせて接合する．接合工具の端面（ショルダ部と呼ぶ）で撹拌部を押さえているので接合面が平滑で，気泡や割れが生じにくいなどの利点がある．

4.4.2 拡散接合

原子の拡散現象を利用した方法で，塑性変形が大きく生じない程度の力により接合面を接触させ，接触部の原子の移動が活発になるまで加熱することで接合する方法が

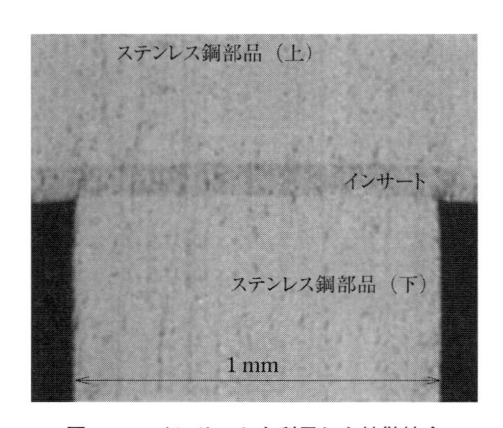

図4.11 インサートを利用した拡散接合

拡散接合（diffusion bonding）である．接合部品の変形を小さくできることが利点である．

拡散（diffusion）とは，異なる原子・分子が存在する系において各々の粒子が移動する現象で，例えば濃度が均一でないときには一様になるような変化が起こる．一般に構成粒子の熱運動によって粒子の移動が生じ，同種粒子が単に位置を交換するのも同じ現象で自己拡散という．接合強度は，接合時の加圧力および加熱温度，すなわち原子拡散の領域および量に依存する．重量増になるが，接合面間に**インサート**（insert）と呼ばれる異種金属を挿入する場合もある．ステンレス鋼部品同士をインサートを用いて接合した例を**図 4.11** に示す．

4.5 その他

4.5.1 接着

接着（adhesive bonding）とは，2つの部品の接触面間に介在する物質により接合する方法の1つである．そして，接合を目的として介在させる物質を**接着剤**（adhesive）という．接着剤は，セメント・ケイ酸ソーダなどの無機系，樹脂やゴムの有機系，でんぷん・松ヤニなどの天然系に大別される．

接着剤には機械的強さ，靱性，化学的安定性，耐環境性などの特性が要求され，工業的に特に重要なのは有機系接着剤である．有機系接着剤は液状やペースト状で供給され，自動車や航空機の製造をはじめ，多くの工業製品の生産に用いられている．化合物別に分類すると，熱硬化性樹脂のエポキシ樹脂系，熱可塑性樹脂のアクリル樹脂系，ゴムのウレタンゴム系・シリコーンゴム系などがある．適用にあたっては，有機物であることから使用可能な温度や寿命の限界を知っておく必要がある．

製品の軽量化には不可欠な接合技術であり，接合するとともに導電性や気密性，光透過性，弾性などの機能をもたせることが可能である．接着剤による接合プロセスで注意すべき点は部品表面の清浄度であり，ろう接と同様に，接合強度を確保するためには油分や酸化物などの異物を取り除くことが重要である．また，清浄表面での接着剤の付着の程度であるぬれ性も問題となる．

4.5.2 機械的締結

締結要素であるねじ，ボルト・ナット，キー，リベット，ピンなどを用いて2つ以上の部品を接合したり，焼きばめなどで部品をはめあわせる方法が**機械的締結**（mechanical fastening）である．ねじやボルトによる接合は，締結と分解を繰り返して行うことができ，接合時に熱の発生がないが，製品重量を増加させる原因になり，ゆるみの発生

への対策が必要となる．リベットによる接合は半永久的に締結するのに用いられ，締結・分解は繰り返して行えない．

4.6 接合強度

溶接・接合にはさまざまな方法があり，接合される部品の材質や形状の組み合わせも異なる．そのため，実用にあたって重要な接合強度を支配する要因やメカニズムを統一的に説明するのは難しい．しかし，いくつかの基本的な原理があり，それらを理解しておくことは大切である．接合強度を決める要因を**表4.1**にまとめる．

接合部品同士の接触面，または接合部品とろう・接着剤の接触面を接合界面と呼ぶと，まず接合界面で発生する結合力が重要である．この結合力は，普遍的に生じるファンデルワールス力に各種の相互作用が加わったものと理解される．そして，結合力の働いている界面が広いほど，接合部全体の接合力は大きくなる．一方，接合部に作用する負荷の様式により接合部の挙動が変化する．以上のことから，接合強度を評価するには，接合界面の構造・状態を原子分子の微視的スケールで理解するとともに，実際の使用状況を考慮することが重要となる．

表4.1 接合強度を決める要因

接合界面で発生する結合力	ファンデルワールス力 ＋ 水素結合　金属結合　共有結合 分子拡散　アンカー効果　など
接合界面の面積	結合力の働く広さに比例
接合部に作用する負荷の様式	引張，せん断，引きはがし　など

4.7 接合法の進展

溶接・接合の分野では，ナノテクノロジーと関連して新たな方法が考え出されている．例えば，アンカー効果の向上により，異種材料である金属とプラスチックの強固な接合ができるようになっている．これはアルミニウム合金表面に数十nmの微細孔を形成し，そこへ軟化したプラスチックがくさびのように入り込んだ状態で固化して一体化することで，接合する方法である．射出成形を応用することにより，成形と接合を同時に行うことができる．

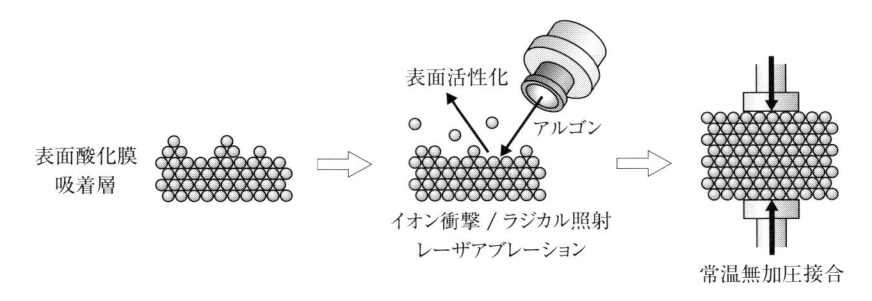

図4.12　表面活性化による常温接合

　化学的に強い結合を生じさせるには，エネルギー的に安定になっている部品の表面を一度活性化する必要がある．部品表面の活性化により，常温でも接合を可能にしたのが，**常温接合**(room temperature bonding)である．これは図4.12に示すように，真空中でアルゴンなどの不活性元素のイオンや原子のビームの照射により，表面の安定な酸化膜や吸着層を取り除いて清浄化することで活性表面を形成し，その面同士を接触させて接合を実現する方法である．これまでに金属 – 金属，金属 – セラミックス・ガラス，金属 – 半導体，同種・異種の半導体同士の接合がなされている．活性な表面の寿命は大気中では一般に非常に短いため，常温接合では超高真空環境での処理が前提とされている．しかし，最近の研究によって大気圧に近い領域の減圧雰囲気中で接合可能な場合もあることがわかってきている．

参考文献
1) 溶接学会(編)，新版　溶接・接合技術入門，産報出版(2008)．
2) 片山聖二，レーザ溶接，溶接学会誌，78，2(2009) 124．
3) 入江宏定，電子ビーム溶接，溶接学会誌，64，8(1995) 582．
4) 竹本喜一，三刀基郷，接着の科学，講談社(1997)．
5) 須賀唯知，ものづくりのための接合技術―第3世代の接合技術，精密工学会誌，79，8(2013) 705．

● **演習問題**

4.1　レーザや電子ビームでの溶接例を調べよ．
4.2　ろうにはどのような種類があるか．
4.3　自動車の製造に接着剤はどのようなところに使用されているか．
4.4　ねじがゆるむ原因には何があるか．
4.5　アンカー効果とは何か．

第5章 塑性加工

5.1 塑性加工とは

塑性加工(plastic working)は，材料に力を加えて塑性変形(永久変形)させることによって，所定の形状に成形する加工法である．一般的に加工時間が短く大量生産に向いている．また材料の損失がなく，エネルギー効率が高い．さらに生産効率が高いという利点がある．加工精度は中程度で，機械加工よりは精度が劣る．そのため塑性加工にて成形した後，必要な部分について機械加工にて精度よく仕上げる工程が多い．

塑性加工には素材を高温に加熱して加工する**熱間加工**(hot working)と素材を常温のまま加工する**冷間加工**(cold working)がある．熱間加工は金属材料を再結晶温度以上もしくは変態点以上に加熱して塑性加工する方法である．加熱することにより材料が軟化し加工力が低下すると同時に，変形能が増大するため大きく変形させることができるという利点がある．さらに，加工中に生じる動的再結晶や変態により結晶組織を微細化することができ，緻密で強靭な材質をつくり出すことができる．このような組織・材質の改善も塑性加工の目的の1つとなっている．

熱間加工された鋼材は表面に酸化膜(黒皮やスケールと呼ぶ)が生じ，見た目に美しくない．また熱膨張による寸法誤差が生じるため，寸法精度が低いという弱点がある．そこで熱間加工で組織を調整したのち，酸化膜を除去し冷間加工を行うことにより，寸法精度および表面性状を向上させることができる．冷間加工は熱膨張の影響が小さいため機械加工に近い寸法精度が得られ，また表面が酸化せず，場合によっては鏡面に近い滑らかな表面が得られる．このように塑性加工はさまざまなレベルの材質や精度の製品を製造することができるという利点がある．

本章では代表的な加工法である圧延，押出し／引抜き，鍛造，板材成形について解説する．

5.2 圧延

圧延(rolling)は，回転するロールの間に材料を引き込み断面積を減少させ，長くて均一な断面形状の製品を製造する加工技術である．具体的には薄鋼板やパイプ，形鋼など金属製の1次製品を製造するのに用いられる．圧延は生産性が高く大量生産に適しているが，同時にさまざまな品種の製品を製造できるフレキシビリティもある．近

年では，コンピュータ制御による自動化が進み，少ない人員で効率的な生産が可能である．

圧延は板圧延，孔型圧延，管圧延に分けられる．この中で板圧延は自動車用鋼板や飲料缶用鋼板など多くの工業製品に利用される薄鋼板の製造に使われる．孔型圧延は建築資材などに利用される形鋼などの製造に用いられる．管圧延には，管を伸ばしたり直径を細くする圧延や油井管に使われるシームレスパイプを製造するせん孔圧延などがある．

5.2.1 板圧延
概要

図5.1に**板圧延**（plate rolling）の原理を示す．モータにより回転する円柱状の2本のロールの間に素材板を挿入すると，ロールと素材板の摩擦により素材板がロール間に引き込まれる．素材板はロールにより板厚方向に圧縮され，その分圧延方向に伸長する．ロールの間隔を調整することによりさまざまな板厚の圧延板を製造することができる．このとき，わずかに横方向へも広がるが，圧延方向の伸びに比べれば幅の変化は微小である．

圧下率

元の板厚を t_1，圧延後の板厚を t_2，ロールの半径を R で表す．ここで，圧延前後の板厚の変化量 $\Delta t (= t_1 - t_2)$ を**圧下量**と呼び，また元の板厚に対するその割合

$$r = \frac{\Delta t}{t_1} = \frac{t_1 - t_2}{t_1} = 1 - \frac{t_2}{t_1} \tag{5.1}$$

を**圧下率**（rolling reduction ratio）と呼ぶ．圧下率 r は圧延荷重などに影響する重要なパラメータである．

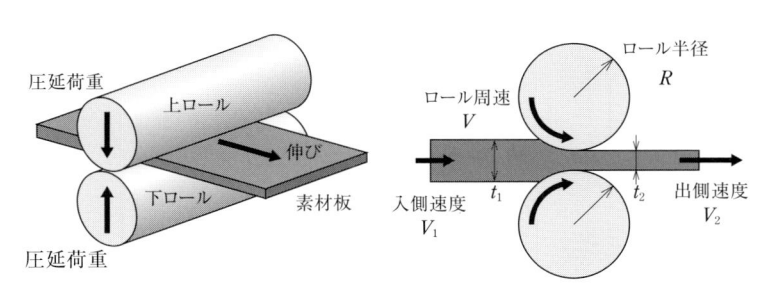

図5.1 板圧延

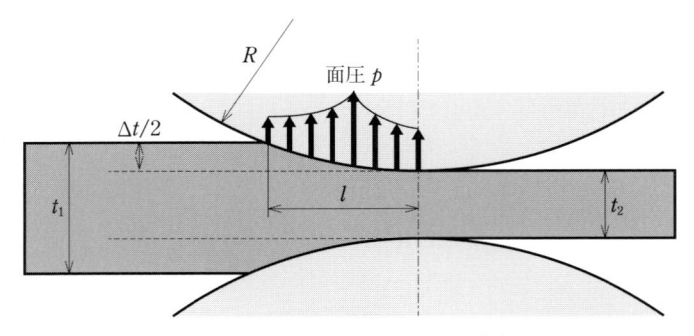

図5.2　ロール接触長さとロールに働く面圧

圧延荷重

　圧延荷重(rolling force)は圧延条件によって変化する．圧延条件の設定によっては過大な圧延荷重が生じ，圧延機のモータやロールなどに重大な損傷が生じる．そこで圧延荷重を予測し，無駄に過大な荷重が生じないよう圧延条件を調整する必要がある．

　圧延荷重の概算法として以下の方法がある．図5.2のようにロール半径が板厚に対して十分大きく，素材板がロールによりほぼ均一に圧縮されていると仮定する．ロールに接触している部分には面圧 p が作用する．ロール接触長さ l は

$$l = \sqrt{R\Delta t - \left(\frac{\Delta t}{2}\right)^2} \tag{5.2}$$

と表され，板幅を W とすると圧延荷重 P は

$$P = pWl = YQW\sqrt{R\Delta t - \left(\frac{\Delta t}{2}\right)^2} \tag{5.3}$$

と表される．ここで，ロールに働く面圧 p は材料の流動応力 Y に依存し，また図5.2のように分布するので，その分布の影響を圧延荷重関数 Q で表す．Q は摩擦係数 μ や圧下率 r の関数でありさまざまなモデル式が提案されており，通常1〜2程度の値となる．

　式(5.3)をみると，圧延荷重は圧下量 Δt が小さいほど，またロール半径 R が小さいほど，小さくなることがわかる．また摩擦係数 μ を小さくすると Q も小さくなり，圧延荷重を低下させることができる．ただし摩擦係数が小さくなり過ぎるとロールがスリップし圧延できない．

四段圧延機

　上述のように，圧延荷重を低減させるにはロール径を細くするのが有効であるが，ロール径を細くするとロールがたわみやすくなるという問題が生じる．そこで図5.3の

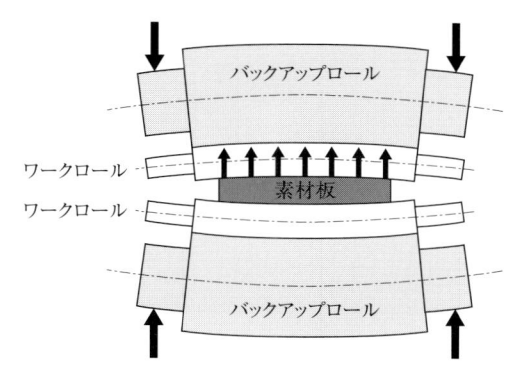

図5.3 四段圧延機の構造

ように素材板に接する細い**ワークロール**(work roll)を太い**バックアップロール**(backing-up roll)で支える**四段圧延機**(four-high rolling mill)が開発された．薄鋼板などを製造する実用的な圧延機はこのタイプが主流である．

連続(タンデム)圧延機

1台のスタンドのみで構成された圧延機は，ロールを逆回転させることにより逆方向に圧延することができる．このように板を往復させ圧延を繰り返す方式を**リバース圧延**(reversing rolling)と呼ぶ．

それに対して**図5.4**のように圧延機のスタンドを何台も並べ，前の圧延機から出てきた圧延板を次の圧延機に続けて引き込み，連続して圧延する圧延機を**連続(タンデム)圧延機**(tandem rolling mil)と呼ぶ．通常5〜7台の圧延機を並べ，最後の圧延機から出てきた薄い鋼板を巻き取る．巻き取った薄鋼板を**圧延コイル**(rolled coil)と呼ぶ．ロール回転速度を上手く制御し圧延板に適当な張力を掛けることにより，この張力の作用でより薄く圧延することができる．連続圧延機は板厚数mm〜1mm以下の薄鋼板を効率よく製造するのに適している．

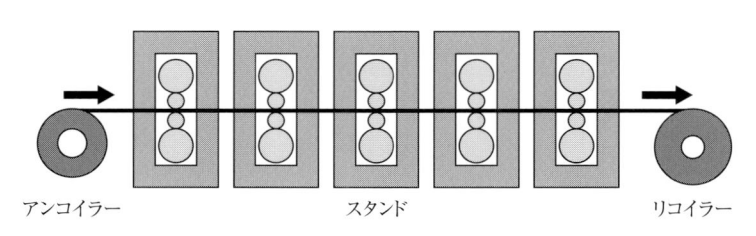

図5.4 冷間連続圧延機の構造

5.2 圧延

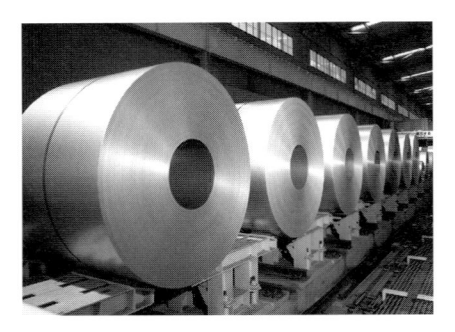

図 5.5　冷延鋼板の圧延コイル
［提供：JFE スチール株式会社］

熱間圧延と冷間圧延

　鋼板は，連続鋳造でつくられた厚さ 30 cm 位の**スラブ**(slab)(長方形のインゴット)を素材とし，高温の状態で圧延される．これを熱間圧延と呼ぶが，板厚約 5 mm 以上の長方形の厚鋼板はリバース圧延機でつくられ，板厚約 5 mm～1 mm 程度の熱延鋼板は連続圧延機でつくられる．厚鋼板は建築構造物や造船などに使われ，また**熱延鋼板**(hot rolled steel sheet)は自動車のフレームや各種機械部品の素材として使われる．さらに熱延鋼板に冷間圧延を施したものを**冷延鋼板**(cold rolled steel sheet)と呼ぶ．冷延鋼板は鏡面に近い滑らかな表面を有し，自動車や家電，缶などの素材板に用いられる(図 5.5)．

5.2.2　孔型圧延

　図 5.6 に示すような断面が L 型や C 型などの形鋼を製造するには孔型圧延が用いられる．図 5.7 に**孔型圧延**(groove rolling)に用いられる**カリバーロール**(caliber roll)の例を示すが，さまざまな断面のロールを用い種々の形鋼や棒材に成形する．しかし成形できる断面形状は塑性力学的に限られるので，図 5.8 のようにカリバーロールの形

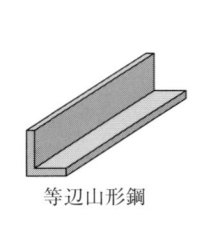

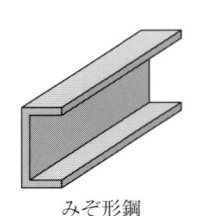

等辺山形鋼　　　　I 形鋼　　　　みぞ形鋼

図 5.6　種々の形材

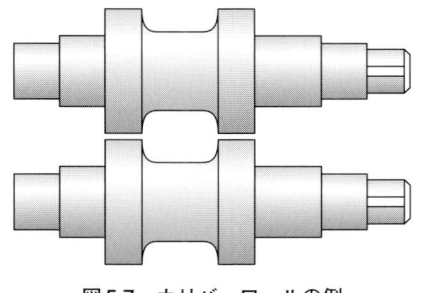

図5.7　カリバーロールの例

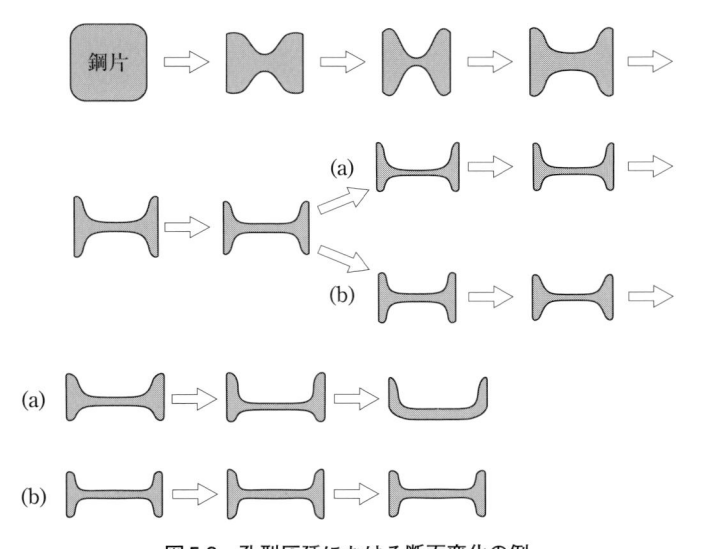

図5.8　孔型圧延における断面変化の例
(a) みぞ形鋼，(b) I 形鋼．
［白井英治，白樫高洋，加工の力学入門，東京電機大学出版局（1996）図3.27を参考に作成］

状を徐々に変えながら何段階も圧延し，最終的に目標とする断面形状に成形していく．

5.2.3　管圧延

鋼管

鋼管には板を溶接して作る**溶接管**（welded tube）と鋼材に穴をあけてつくる**継目なし鋼管**（seamless steel pipe）とがある．図5.9に帯鋼板を連続的にロールで丸め継目を圧接（鍛接）する**鍛接管**（forge-welded tube）の製造法を示す．また継目を電気溶接してつくる溶接管を**電縫管**（electro-resistance-welded tube）と呼ぶ．溶接管は，ガス管や

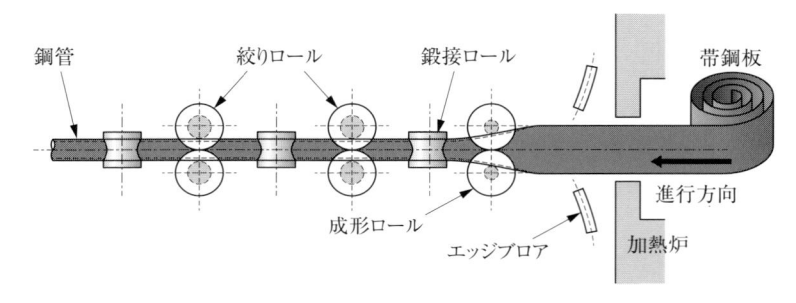

図 5.9　鍛接管の製造法
［臼井英治，白樫高洋，加工の力学入門，東京電機大学出版局（1996）図3.30を参考に作成］

水道管など低圧配管などに用いられる．

それに対して継目なし管は，鋼材に穴をあけるせん孔圧延，管の寸法を調整する延伸圧延・定形圧延などの**管圧延**（tube rolling）により製造される．継目なし管は溶接部がないため高い圧力をかけても割れにくく，高圧の流体を扱うプラントや石油を掘削するための油井管などに用いられる．

せん孔圧延

図 5.10 に代表的な**せん孔圧延**（piercing）であるマンネスマンせん孔法を示す．軸が傾斜した2つのロールを同じ方向に回転させ，その間に円柱状の鋼材（ビレット）を挿入する．ロールにはテーパーがついているため鋼材は回転しながら径方向に圧下され押し出されていく．すると鋼材の中心部に割れが発生するので，そこにせん孔プラグを押し込むことにより穴を広げ，中空の素管を形成する．なおせん孔圧延は通常は熱間で行われる．

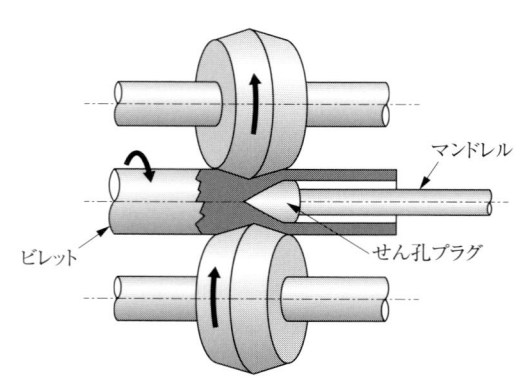

図 5.10　マンネスマンせん孔法

延伸圧延・定形圧延

せん孔圧延で作製した素管を所定の径や肉厚に仕上げるために，まず**延伸圧延**で管の長さを伸ばす．**図5.11**に延伸圧延の1つであるマンドレル圧延の例を示すが，半円形のみぞを有するロールでマンドレルを通した中空の素管を圧延し，肉厚を薄くすることで長さ方向に管を伸ばす．次いで外形を縮小し形を整える**定形圧延**により所定の寸法の鋼管に仕上げる．

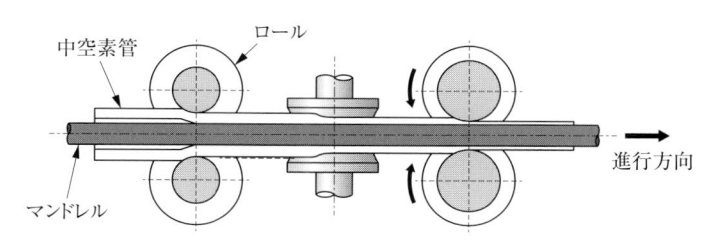

図5.11 延伸圧延
［臼井英治，白樫高洋，加工の力学入門，東京電機大学出版局（1996）図3.29を参考に作成］

5.3 押出し・引抜き

押出しと引抜きは材料を穴の開いた工具（ダイ）に押し込む，または**ダイ**（die）から引き抜くことにより細長い製品を製造する方法である．主に二次加工として用いられ線材や形材など中間製品の製造に適用されることが多い．両者の材料変形に関する基本的な力学は似ているが，前者は圧縮応力が作用し，後者は引張応力が作用するという違いがあり，製造される製品はまったく異なる．

5.3.1 押出し

概要

押出し（extrusion）は，**図5.12**のように**コンテナ**（container）に素材（ビレット）を挿入し，コンテナに**ステム**（stem）（または**ラム**（ram））を押し込むことにより，その圧力でダイの穴から材料を押し出し，均一の断面形状の製品をつくる加工法である．押出しには図5.12(a)のようにステムを押し込む方向に材料が押し出される**前方押出し**（forward extrusion）と，図5.12(b)のようにステムを押し込む方向と反対に押し出される**後方押出し**（backward extrusion）がある．基本的には長い棒状の製品をつくるのに用いられるが，鍛造で時々みられる小さな素材から棒状の突起を押出し成形する工程も押出しと呼ばれることがある．

(a) 前方押出し　　　　(b) 後方押出し

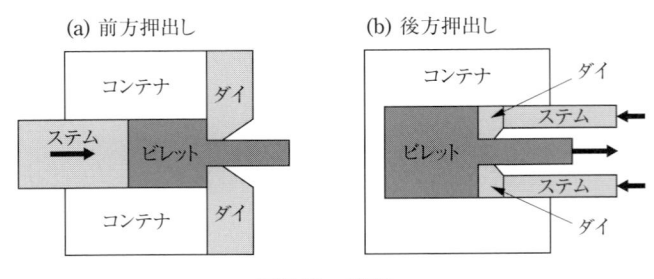

図5.12　押出し

押出し材の形状

押出しでは材料をダイ内に押し込むため，材料は大きな圧縮応力下で塑性変形する．このため材料に割れが発生しにくく，ダイの穴形状が多少複雑でも材料が充満し，ダイと同じ断面形状で押し出される．また割れやすい材料でも加工できるという利点がある．**図5.13**に押出しで製造したアルミニウム材の例を示すが，このような複雑な断面形状を有する棒状の製品を製造することができる．ほかの塑性加工法でこのような複雑な断面を有する棒材を製造することは不可能であり，これが押出しの大きな特徴といえる．

押出し用材料

押出しに使われる材料には比較的柔らかく変形能が高いアルミニウム系材料が多く，アルミサッシなど建築部材などが製造される．そのほかに銅系材料(純銅，黄銅，青銅，洋白など)，マグネシウム系，チタン系，鉄鋼系の材料が使われる．押出しではダイに大きな圧力が作用するため，硬い材料の加工ではダイの摩耗や破損が大きな問題

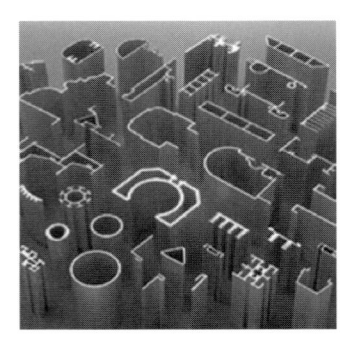

図5.13　複雑な断面形状を有する押出し材の例
［提供：本多金属工業株式会社］

になる.また押出しには材料に応じて,熱間で行うもの,冷間で行うものがある.

押出し圧力

コンテナの断面積 A_0 と押し出された製品の断面積 A_1 の比 $r_d(=A_0/A_1)$ を**押出し比**(extrusion ratio)と呼ぶ.この値が大きいほど,材料に加えられる塑性ひずみも大きくなり,加工に要する塑性仕事も大きくなる.このため**押出し圧力**(extrusion pressure) p_d も r_d に影響され,おおよそ

$$p_d = aY \ln r_d \tag{5.4}$$

で表される.ここで a はダイの形状や摩擦などの影響を表す係数,Y は材料の流動応力(変形抵抗)である.

また押出しの前後で体積が保存されるため,押し出された製品の長さ L_1 は,

$$L_1 = r_d L_0 \tag{5.5}$$

となる.ここで L_0 は素材の長さである.すなわち押出し比 r_d が大きいほど長い製品をつくることができる.

5.3.2 引抜き

概要

引抜き(drawing)は,図5.14のようにダイ(工具)の穴に材料を通し,その先端を引張ることにより,直径を減少させ材料を引き延ばす加工法である.ダイの径を少しずつ小さくしながら,数回~数十回繰り返し引抜きを行うことにより,直径10 mm 程度から0.1 mm 以下の極細線までさまざまな寸法の棒線がつくられる.直径の小さい棒線の引抜きを伸線または線引きと呼ぶこともある.細い線材では,引き抜いた材料をリールに巻き取ることができるので,長さ数千 m に達する長い製品をつくることができる.一般に引抜きは冷間で行われる.また製品の引張強さが高く,寸法精度が高いことが特徴である.主な製品として針金,電線,ピアノ線,銅管,注射器の針などがある.

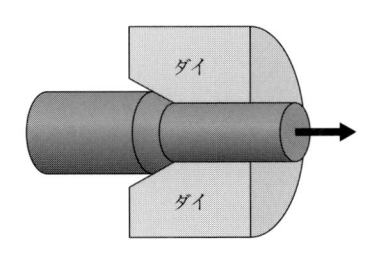

図5.14 引抜き

引抜きで製作できる断面形状は主に丸もしくは管であり，それ以外の複雑な断面形状は困難である．引抜きでは材料に引張応力が掛かるため，半径方向に縮もうとする傾向があるためであり，複雑な断面形状のダイを用いてもその形状に材料が充填しにくい．

引抜き応力

円錐形の穴をもつダイを仮定し，入口の直径を D_0，出口の直径を D_1，ダイ半角を α とする．このダイによる断面減少率 R_e は

$$R_e = 1 - \left(\frac{D_1}{D_0}\right)^2 \tag{5.6}$$

で定義される．また，**引抜き応力**（drawing stress）（出口側を引張る応力）σ_D は

$$\sigma_D = Y\left[\left(1 + \frac{1}{\mu\cot\alpha}\right)\{1 - (1 - R_e)^{\mu\cot\alpha}\} + 0.77\tan\alpha\right] \tag{5.7}$$

で表される．ここで，Y は材料の流動応力，μ はダイと材料の摩擦係数である．

図5.15は断面減少率を一定としたときの引抜き応力（σ_D/Y）の変化をダイ半角に対して示したものである．この図より引抜き応力は極小値を示すことがわかる．このときのダイ半角が最適なダイ半角であり，それより大きくても小さくても引抜き応力は増大することがわかる．

断面減少率 R_e が大き過ぎる，摩擦係数 μ が大きい，ダイ半角 α が不適切など不都合な条件では引抜き応力 σ_D は過剰に大きくなり，場合によっては流動応力 Y を越える．すると材料が千切れてしまい，引抜きを続けることができなくなる．このため断面減少率の小さなダイを用いて少しずつ変形させながら，引抜きを繰り返していく必

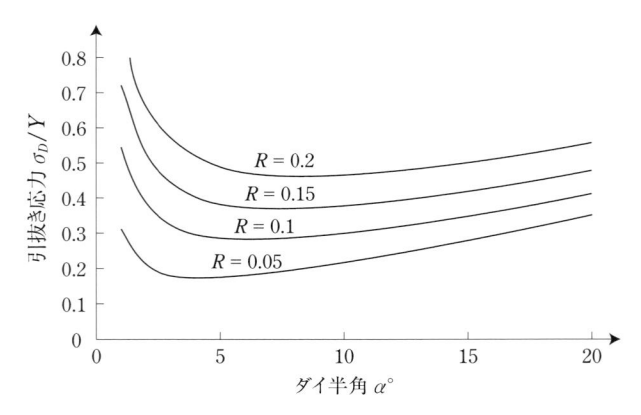

図5.15　ダイ半角に対する引抜き応力の変化

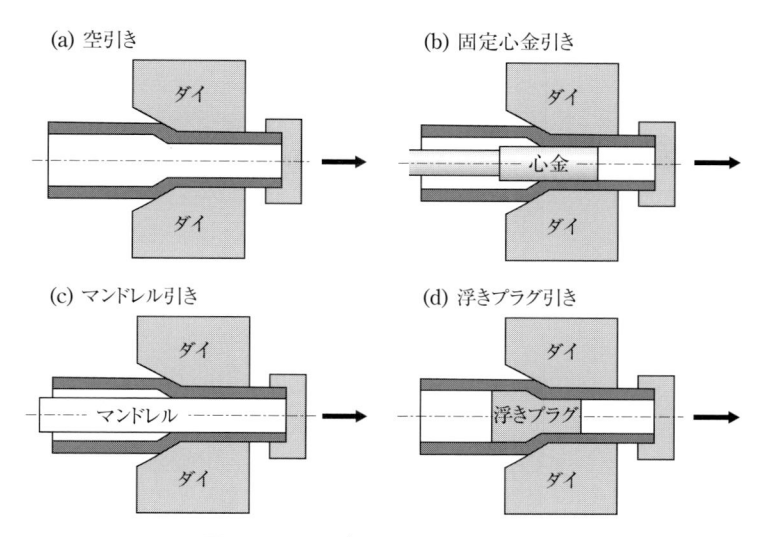

図5.16 さまざまな管の引抜き加工法

(a) 空引き　(b) 固定心金引き　(c) マンドレル引き　(d) 浮きプラグ引き

要がある．潤滑剤は摩擦係数 μ を低減させ，同時にダイの摩耗を減少させ，表面性状を向上させるため，その選択は重要である．

管の引抜き

図5.16(a) に管の引抜き法（空引き）を示す．この方法は簡便であるが，管の外径が小さくなることによる肉厚が増大する効果と，引き延ばされることによる肉厚が減少する効果が重なり，肉厚の制御が難しいという問題がある．そこで肉厚を制御するために，(b) のように心金をダイの中に保持し管を引抜く方法（固定心金引き）や，(c) のように**マンドレル**（mandrel）を入れ，管と一緒に引抜く方法（マンドレル引き）が用いられる．しかしこれらの方法では，心金棒やマンドレルの長さで材料の長さが制限されてしまう．そこで (d) のように**浮きプラグ**（floating plug）を挿入する加工法（浮きプラグ引き）がある．浮きプラグはどこからも支える必要がなく，ダイの中で力のつり合いにより定位置に保持されるため，長い管であっても連続して引抜きが可能となる．

5.4 鍛造

鍛造（forging）とは，金属をハンマーなどの工具で叩いて伸ばし所定の形に成形する加工技術であり，古くから鍛冶屋と呼ばれる職人が農具や鍋，釜，さらに刀や銃などの金属製品をつくり出すために用いられてきた．圧延が開発されるまでは板や棒など

も鍛造でつくられていた．このようなハンマーで繰り返し叩き徐々に成形する方法を自由鍛造と呼ぶ．近代になり，液圧やクランクを使ったプレス機械が開発され，金型を材料に押付け成形する型鍛造が行われるようになった．型鍛造は歯車やカムシャフトなどの機械部品の大量生産に利用されている．

精度が高く後工程での機械加工が軽微で済む加工を**ニアネットシェイプ**(near net shape)加工，さらに機械加工が不要でそのまま製品として利用できる加工を**ネットシェイプ**(net shape)加工と呼ぶ．

5.4.1 型鍛造

概要

型鍛造(die forging)は，**図5.17**に示すようなプレス機械に組み込んだ上下の金型の間に材料を挿入し，プレスで圧縮して材料を型に充満させて目的の形状に成形する加工法である．基本的に型と同じ形状の製品が，材料の圧縮のみで製造できるため，加工時間が短く生産性が高い．さまざまな形状の金型を用いることにより**図5.18**に示すような機械部品を効率よく製造することができる．

種類

型鍛造には**図5.19**に示すように，(a) **密閉鍛造**(closed die forging)，(b) **半密閉鍛造**(half-closed forging)，(c) **閉そく鍛造**(full enclosed die forging)がある．密閉鍛造は金型が閉まると密閉され，材料が完全に金型内に充満し正確に金型の形状に成形される方法である．ところが，金型内の隙間が小さくなり密閉状態に近づくと鍛造荷重

(a) プレス機械　　　　　(b) 金型

図5.17　鍛造装置(プレス機械と金型)
［(a) 提供：アイダエンジニアリング株式会社，(b) 提供：日立金属株式会社］

図5.18 型鍛造により製造された製品例
[提供：株式会社菊水フォージング]

(a) 密閉鍛造　　(b) 半密閉鍛造　　(c) 閉そく鍛造

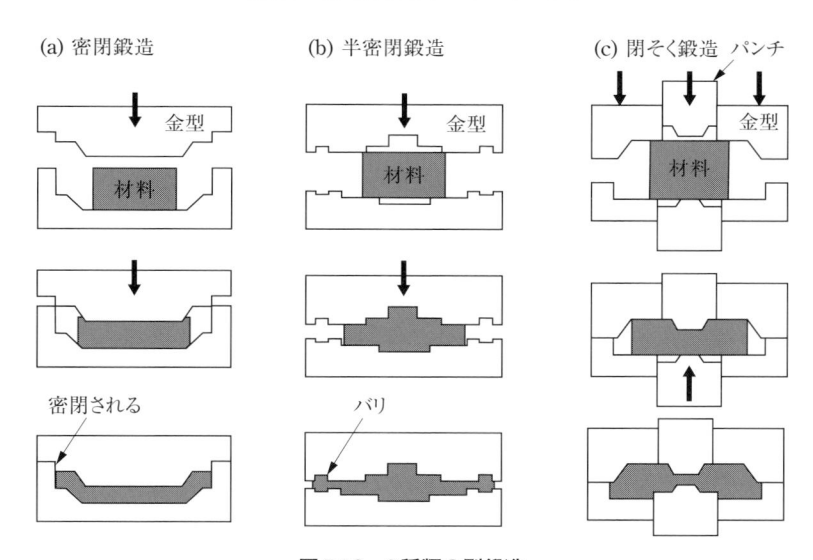

図5.19　3種類の型鍛造

が急激に増大するため，プレス機械の荷重超過や金型の損傷などの問題が生じやすい．そこで，金型が完全に閉じず材料が周囲にバリとしてはみ出る**半密閉鍛造**(バリ出し鍛造)がよく用いられる．金型間に隙間が残るので鍛造荷重が過大にならないという利点があるが，後でバリを除去する工程が必要になる．また閉そく鍛造は，金型を閉じた後金型内にパンチを押し込み，材料を金型内に充満させる方法である．

5.4.2　自由鍛造

図5.20に示すように，**自由鍛造**(free forging)は単純な形状の工具を用いて材料を

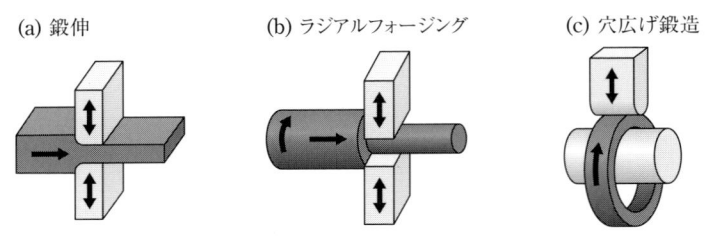

(a) 鍛伸　　　(b) ラジアルフォージング　　　(c) 穴広げ鍛造

図5.20　代表的な自由鍛造

圧縮する加工法である．局部的な加工を繰り返すことにより多様な形状を成形することができるため，大型鍛造品や少量の特注品など金型の使用が適さないものの鍛造に使われる．

5.4.3　プレス機械
機械プレス

図5.21(a) に示すように，**機械プレス**(mechanical press)は，モータでクランクを回転させコネクティングロッドを介してスライドを上下に駆動する構造となっており，熱間鍛造，冷間鍛造のほか板材成形にも利用されている．駆動機構の違いにより**クランクプレス**(crank press)，**ナックルプレス**(knuckle press)，**リンクプレス**(link press)などがある．装置ごとにスライドのストローク長が決まっており，またストローク中にスライド速度が変化する．下死点近くでスライド速度が遅くなり，加工力が最大に

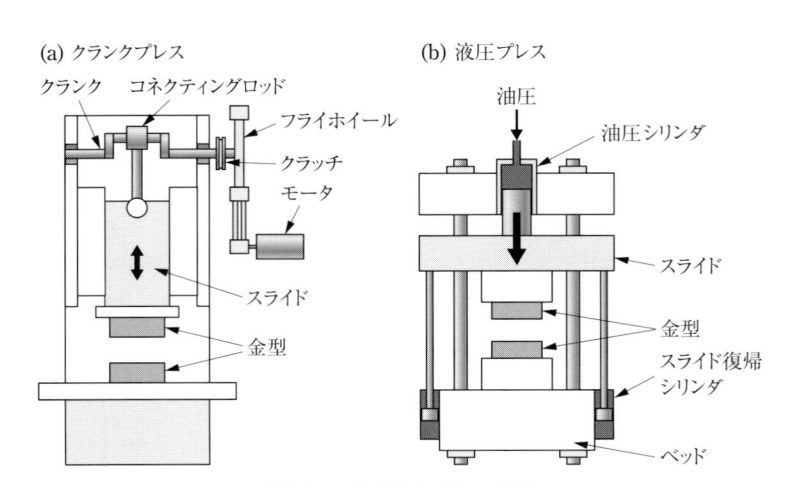

(a) クランクプレス　　　(b) 液圧プレス

図5.21　代表的なプレス機械

なる.

液圧プレス

図5.21(b)に示すように，**液圧プレス**(hydraulic press)は油圧もしくは水圧によりシリンダを駆動し，スライドを駆動する構造となっている．スライドストロークが長く，ストローク内のどの位置でも同じ加工力を発生させることができるため，ストローク内の任意の位置で使用できる．また油圧制御によりスライドに複雑な動きをさせることができるという利点がある．しかし，一般に機械プレスに比べてスライド速度が遅く，工程作業時間が長いという弱点がある．

ハンマー

ラム(ram，杭打ち機，ピストン)もしくは錘(おもり)を空気圧などで持ち上げ，その落下のエネルギーで瞬間的に素材を変形させる装置が**ハンマー**(hammer)である．古くから利用されている装置で自由鍛造および型鍛造に用いられる．

サーボプレス

スライドの運動をサーボモータで制御するプレス機械が**サーボプレス**(servo press)である．スライドの速度や位置をコンピュータにより自在に制御できるため，例えば圧下中にいったんスライドを止め圧力を保持したり，微細な上下振動を加えながら加工するなど複雑な動作が可能である．これにより製品の高精度化，加工荷重の低減，騒音・振動の低減，生産効率の向上などの効果が得られる．

5.5 板材成形

われわれが日常的に利用している自動車，電機部品，缶などの製品には薄板(鋼板やアルミ板)よりつくられた部品が数多く使われている．**図5.22**にその例を示すが，これらは圧延でつくられた薄板を素材として，絞り，曲げ，せん断などの**板材成形**(sheet forming)を施したものである．また**図5.23**に**順送プレス**(transfer press)で加工された板材の例を示す．等間隔に配置された金型を用い，板材を1ステップずつ順次移動させながら絞り，曲げ，せん断などの加工を行い，複雑な形状の部品が製造されていく様子がわかる．

板材成形は基本的に冷間加工であり，最終製品の製造に利用される．プレス機械を用いる場合，非常に生産速度が速く，例えば小さな精密部品の加工では毎分数千個に達することもある．高精度な金属部品を高効率で大量生産することが可能である．

図5.22 素材板より成形された部品例
［提供：住野工業株式会社］

図5.23 順送プレス加工により順次成形されていく部品
［提供：株式会社クレール］

5.5.1 せん断

概要

せん断（shearing）は，図5.24のようなシャー（shearing machine）やスリッタ（slitter）などの専用加工機械により板や棒などを切断するせん断と，プレス機械に組み込んだパンチとダイを用いるせん断に分けられる．前者は直線的に切断するのに対し，後者は図5.25のようにさまざまな形状に切断することができる．これらの加工機

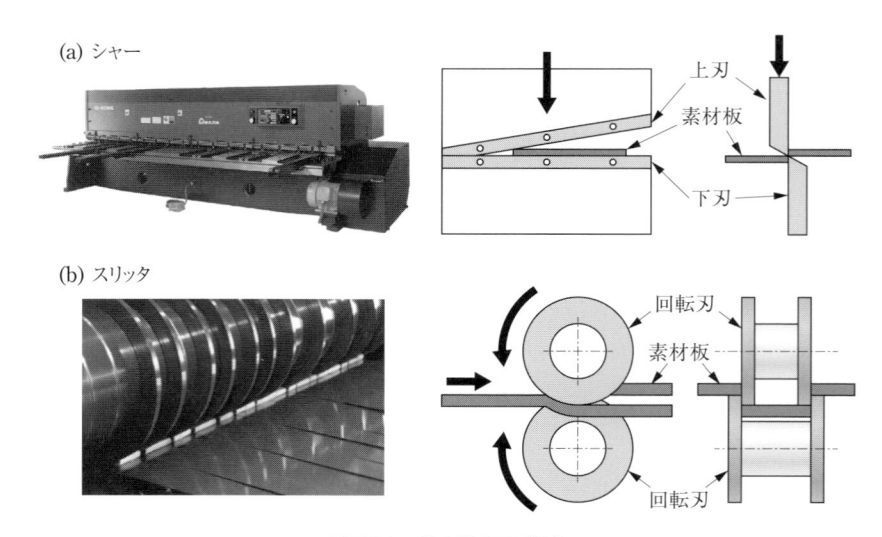

(a) シャー

(b) スリッタ

図5.24 せん断加工機械
［(a) 写真提供：株式会社アマダ，(b) 写真提供：大裕鋼業株式会社］

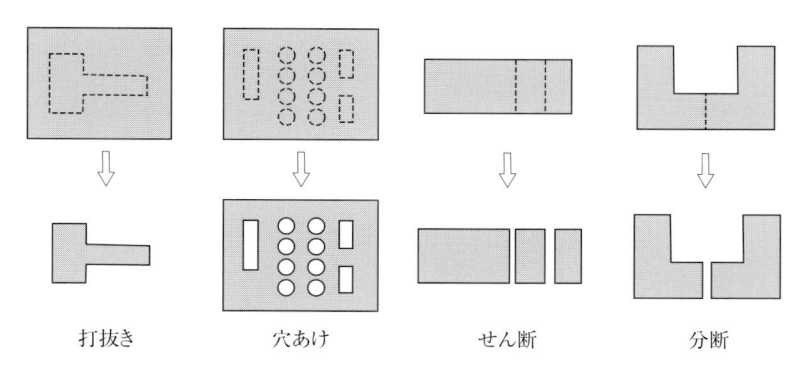

図5.25 プレス機械によるさまざまなせん断

械の形態は異なるが，原理的にはどちらも上下の刃の間に素材を挟み，刃の隙間に発生するひずみにより板を分断する点では同じである．板や棒の切断法にはほかにも鋸切断，砥石切断，レーザ切断などがあるが，せん断はこれらに比べ削り代（除去部）が不要で切りくずが発生しない，加工速度が速いなど利点がある．以下では，板材のプレス機械によるせん断を前提に説明する．

せん断機構

図5.26にパンチとダイによるせん断過程を模式的に示す．図5.27にせん断中の板材の変形の様子を示す．**パンチ**（punch）と**ダイ**（die）の間に**クリアランス**（clearance）と呼ばれる隙間がある．パンチを押し下げるとパンチが板に食い込み，パンチおよびダイの角部周辺に塑性変形が生じる．さらにパンチを押し下げるとパンチの角およびダイの角より亀裂が発生し，板中央に向かい伸びていく．さらにパンチを押し下げるとこれらの亀裂が連結し，板が分離する．このときのせん断した断面の模式図を図5.27(b)に示すが，上表面にダレがあり，その下にせん断面，さらにその下に破断面が生じる．延性の大きい材料の場合，材料がさらに下に引き延ばされ破断面の下に**か**

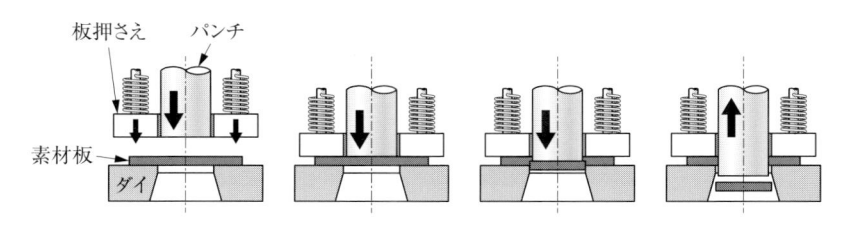

図5.26 パンチとダイによるせん断過程

5.5 板材成形

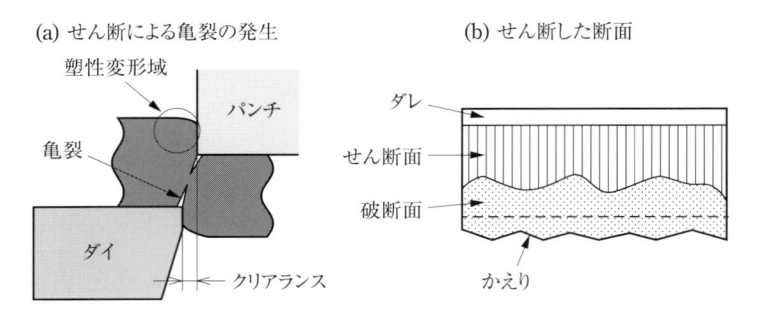

(a) せん断による亀裂の発生 (b) せん断した断面

図5.27　パンチとダイによるせん断機構

えり(バリ(burr))が生じる．

5.5.2　絞り
概要

　板材にパンチを押し込み，底付容器の形状に成形する加工法を**絞り**(sheet metal drawing)と呼ぶ．**図5.28**に製品例を示す．飲料用の缶のような円筒状に成形することが多いが，充電式バッテリ容器のような角筒状のもの，浅い皿状のものなど，さまざまな形状の製品の成形も行われる．また，多くの自動車の部品なども絞りで製造される．プレス機械にパンチとダイを組み込み，プレスの1ストロークもしくは数ストロークで最終形状まで成形できる．素材には鋼，アルミニウム，ステンレス，銅などが用いられる．

図5.28　絞りで成形した製品
［提供：株式会社ユニオン・マエダ］

絞り機構

基本的形態として円筒絞りを考える．図5.29のようにパンチとダイの間に所定の形に切断した板材(**ブランク**(blank))を置き，パンチを押し込むことにより容器の形状に塑性変形させる．ここで，パンチの外にはみ出した部分(ダイの上にある部分)を**フランジ**(flange)と呼ぶ．パンチの外径とダイの内径は板厚分だけ差があり，その隙間(クリアランス)にフランジ部の板材が引き込まれる．このときフランジ部の材料は外周から内周に引き込まれ，円周方向に圧縮される．このため座屈によりしわが発生しやすい．それを防止するためフランジ部をしわ押さえ板で押さえる．フランジ部の材料は円周方向に圧縮された分だけパンチに平行に引き延ばされる．

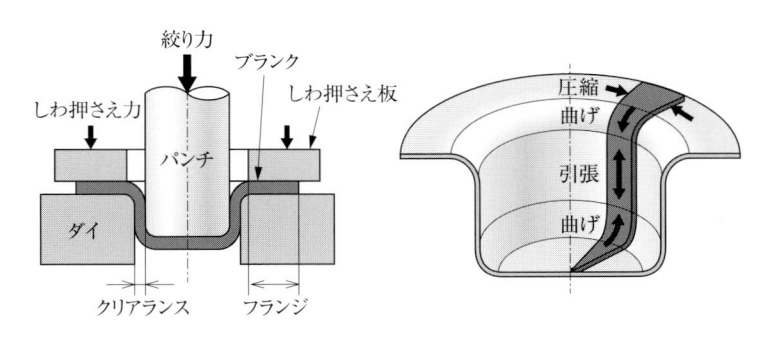

図5.29　絞りにおける材料の変形

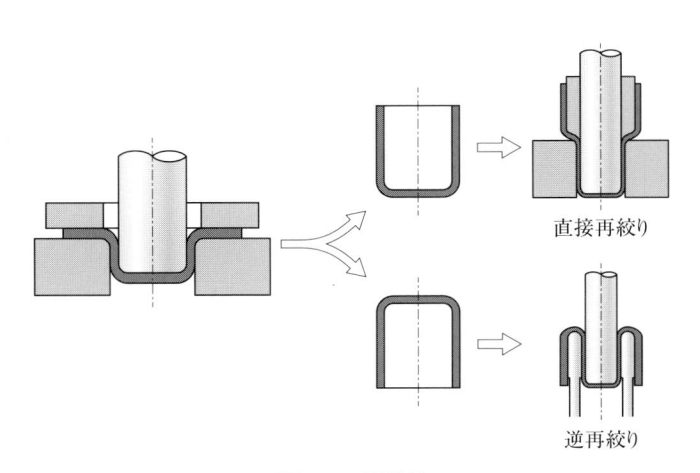

図5.30　再絞り

再絞り

1工程での絞りでは加工できる容器深さは限られるが，絞り加工した容器を再び絞り加工することによりさらに深い形状に加工できる．これを**再絞り**（redrawing）と呼ぶ．

再絞りには**図5.30**に示すような**直接再絞り**（direct redrawing）と**逆再絞り**（inside-out redrawing）がある．直接再絞りでは容器の外側の部分の材料は，ダイの中に引き込まれる過程でしわ押さえの角とダイの角の2ヵ所で曲げ・曲げ戻し変形を受けるため加工荷重が大きくなる．それに対し逆再絞りでは，容器の材料は同じ方向に1回曲げ変形を受けるだけなので，加工荷重が小さく，深く絞り加工できるという利点がある．ただし，容器を反転させる手間が掛かるため，自動化ラインでは不利である．

Topics
ファインブランキング

ファインブランキング（fine blanking）は精密せん断の一種であるが，せん断だけではなく板材の鍛造の要素も含んだ新しい加工法である．**図1**に示すように，クリアランスを小さくし，板押さえと逆押さえにより材料を加圧する．また板押さえにV字型突起を設け，板の流動を防止する．この状態でパンチを押し込むと板の静水圧が高まった状態でせん断するため，亀裂が発生しないまま材料を打ち抜くことになる．これにより断面の垂直度が向上し，またかえりも生じず図1のように高い寸法精度でせん断することができる．ファインブランキングは大きな加工力が必要なため，剛性の高いプレス機械が必要である．しかしせん断中に亀裂が発生しないため，パンチを途中で止めその段差を生かしリブや歯車などを成形することができる．これにより**図2**のように板の鍛造と同様に，1枚の平らな板からギアやカムなどを有する複雑な凹凸形状の製品を製造できる．

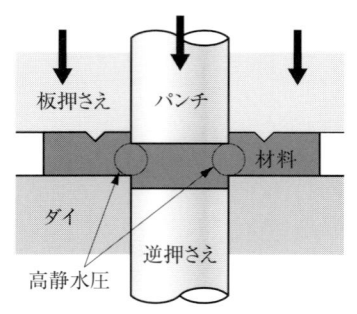

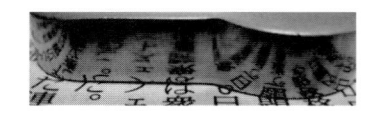

図1　ファインブランキングの原理とそのせん断面
［写真提供：有限会社田村製作所］

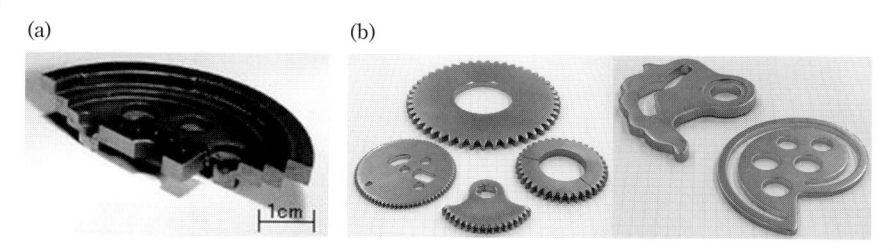

図2　ファインブランキングで製造した部品の例
［(a) 提供：JFE スチール株式会社，(b) 提供：株式会社秦野精密］

Topics
テーラードブランク

通常の絞りではブランクは1枚の薄板から切り出すため厚さは均一である．それに対して近年，溶接技術の進歩により板厚や材質の異なる素材板を突き合わせ溶接し1枚のブランクとして絞り加工する技術が実用化した(**図3**)．この技術は**テーラードブランク**(tailored blank)と呼ばれている．テーラードブランクにより自動車のフレームなどの部位に適した強度や材質をもたせることができるようになり，部品数の削減，車体の軽量化に役立っている．

板厚・材質の異なる素材板　⇒　板を溶接し1枚のブランクにする　⇒　プレス機械により絞り加工する

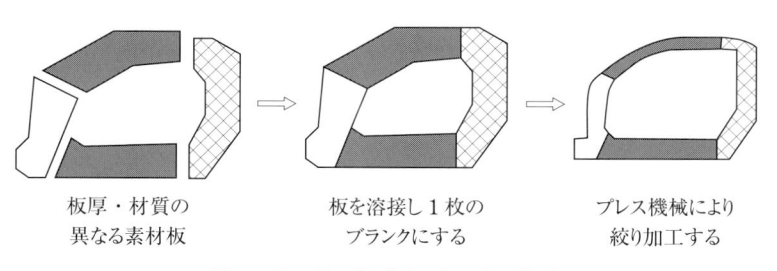

図3　テーラードブランクによる絞り

5.5 板材成形

Topics
ハイドロフォーミング

図4のように,金型内にパイプを挿入し,パイプ内に水圧を掛けることによりパイプを膨張させ,金型形状に成形する加工法である.**図5**に自動車のフロントサブフレームの例を示す.このようなフレームの曲げ剛性を高めるには断面二次モーメントが大きくなるよう箱型の断面に成形するのが望ましい.しかし通常の板材を絞り加工して製作する場合,上下の部品をそれぞれ絞り加工し,それを溶接する必要がある.それに対して**ハイドロフォーミング**(hydroforming)を使えばパイプを一体成形できるため,溶接工程が不要でかつ軽量化できるという利点がある(**図6**).

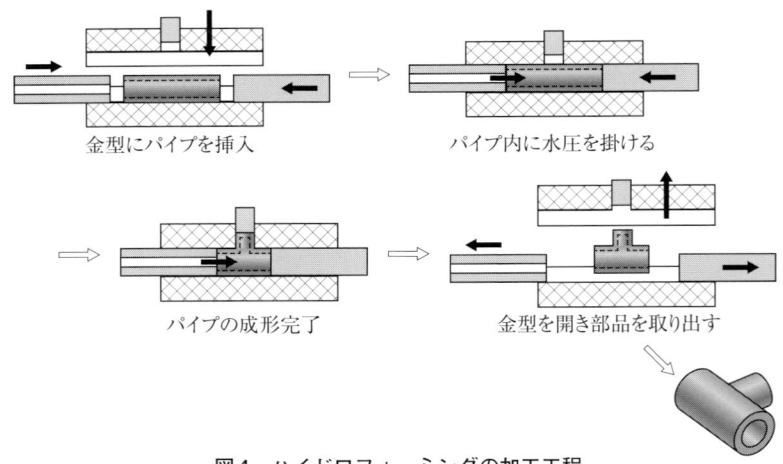

図4 ハイドロフォーミングの加工工程

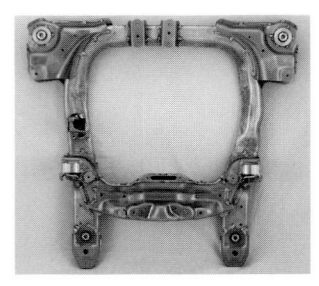

図5 ハイドロフォーミングにより作製されたフロントサブフレーム
[提供:株式会社ヨロズ]

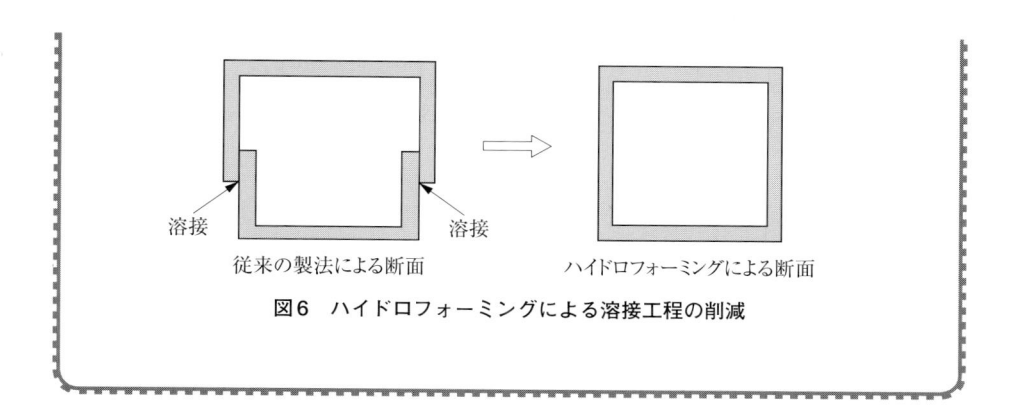

図6 ハイドロフォーミングによる溶接工程の削減

参考文献
1) 鈴木弘(編), 塑性加工, 裳華房(1961).
2) 臼井英治, 白樫高洋, 加工の力学入門, 東京電機大学出版局(1996).
3) 日本塑性加工学会(編), 鍛造, コロナ社(1995).
4) 日本塑性加工学会(編), 塑性加工入門, コロナ社(2007).

●演習問題

5.1 板圧延で薄鋼板を製造するとロールのたわみや弾性変形により、板の中央が厚く両端が薄くなるエッジドロップと呼ばれる形状が生じる。中央が太いロールで圧延すればエッジドロップはある程度は解消できるが、板幅、板厚、板の流動応力などに影響されるため、それだけでは板厚を正確に制御することはできない。そこで、エッジドロップを低減させるための方法を調べよ。

5.2 鍛造によるニアネットシェイプ加工で研削加工並みの寸法精度が得られれば、製品品質および生産効率を画期的に向上させることができる。しかし現実には技術的に難しい問題がある。鍛造において寸法精度を低下させる要因を考えよ。

5.3 塑性加工の利点、欠点をまとめよ。

5.4 自動車などの軽量化のためには、高強度な材料を使うことにより各部品を薄く小さくすることが有効である。このため近年、高張力鋼板が自動車のフレームなどの部材に広く使われている。一方で、このような降伏応力が高い材料を塑性加工すると、さまざまな問題が生じることがある。どのような問題が生じるか考えよ。

第6章 切削加工

6.1 切削加工の特徴

　切削加工(cutting)は，切削工具(tool)と工作物(workpiece)との間に相対運動を与えることにより，工作物の不要な部分を切りくず(chip)として除去し所定の形状を創成する加工法である．形状を創成するために使用される加工機械を工作機械(machine tools)といい，一般に工作機械を使って行われる除去加工を総称して機械加工(machining)と呼ぶ．

　切削加工は，平面，円筒面，穴，みぞ，ねじ，自由曲面などのさまざまな形状を能率よく高い精度で加工できる．図6.1に基本的な切削の様式を示す．旋削(turning)では，切削の主運動(primary motion)を工作物の回転により与え，工具に送り運動をXZ面内で指定し目標形状の輪郭に沿って少しずつ移動することにより，工具と工作物との干渉部分を削り取る．加工できる形状は切削の主運動と送り運動の組み合わせに依存する．切削の主運動を工作物回転により与える場合が旋削に，工具回転により与える場合がフライス加工(milling)やドリル加工(drilling)などにそれぞれ対応する．

　また，切削加工の対象となる大きさは数 m の構造物から 1 mm 以下のマイクロ部品まで幅広く，金属に限らず樹脂やセラミックスなど導電性のない材料も加工できる．

主運動	加工例	切削様式	送り運動	加工形状
工作物回転	旋削		XZ 2軸制御による直線，曲線	円柱面，円錐面　曲線母線の軸対称形状　平面(端面)
工具回転	ドリル加工		ドリル軸方向直線運動	穴
	フライス加工		XYZ 3軸制御による直線，曲線(+2軸旋回)	平面曲面

図6.1　基本的な切削様式

到達できる精度は，工作機械や工具の精度に依存するが，1 μm 以下の精度での加工が実用化されている．近年の特色ある切削加工の例として，図 6.2(a) の航空機アルミ構造部品は軽量かつ高剛性とするためブロック材からフライス加工により削り出され，接合部のない薄肉一体構造となっている．図 6.2(b) の白内障治療用二重焦点眼内レンズは，遠近両用の二重焦点フレネルレンズ[※1]となっており，素材の含水性樹脂を液体窒素で冷却固化し，ダイヤモンドバイトを使用した超精密旋削によりつくられている．

切削加工の原理は古くからものづくりに用いられてきた．図 6.3 は紀元前 4000 年ころの壁画で，弓に張った弦をドリルに巻き付け，弓を手で引いてドリルを回転し石材に穴をあけている様子を示している．その後 18 世紀ごろまでは，機械的な動力がな

(a) 航空機アルミ構造部品
（サイズ 510 × 250 × 20 mm）

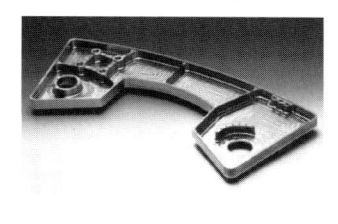

(b) 白内障治療用二重焦点眼内レンズとフレネルレンズの原理

フレネルレンズ　通常のレンズ

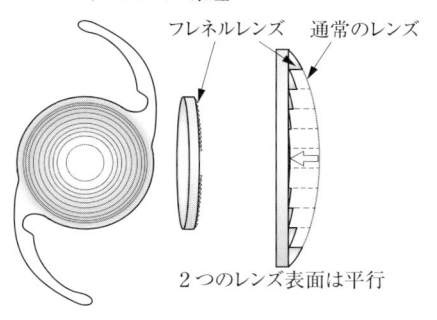

2 つのレンズ表面は平行

図 6.2　切削加工による製品例
［(a) 提供：株式会社牧野フライス製作所］

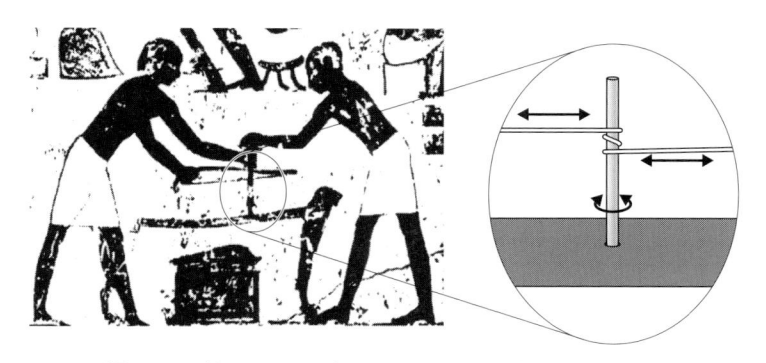

図 6.3　石材にドリルで穴をあけている様子（紀元前 4000 年）

※1　フレネルレンズとは，レンズの表面を細かく分割して輪帯レンズの集合として厚みを減らしたレンズである．

6.1　切削加工の特徴

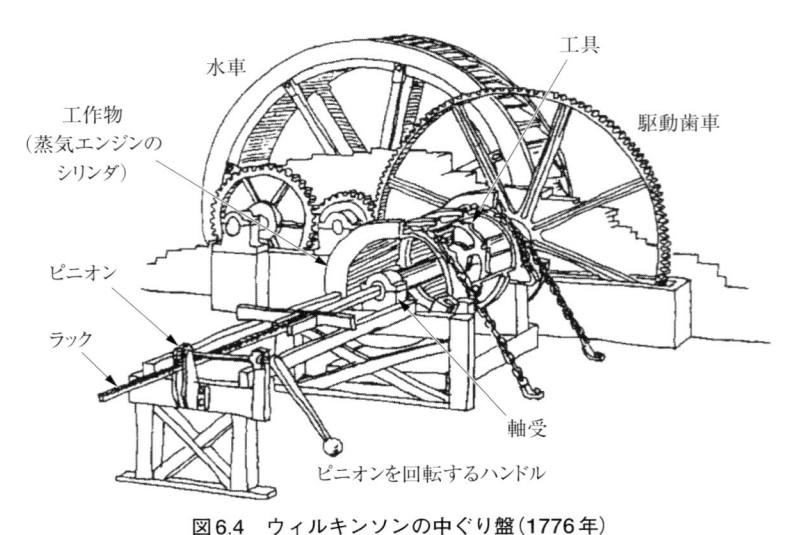

図6.4 ウィルキンソンの中ぐり盤（1776年）
［L. T. C. ロルト（磯田浩（訳），工作機械の歴史，平凡社（1989）をもとに作成］

かったため加工技術はあまり進歩していなかった．18世紀にワットが蒸気機関を発明したが，その実用化には蒸気漏れを小さくするための正確な円筒面をもつシリンダが必要であった．1776年にウィルキンソンが**図6.4**のようなシリンダ内面を切削加工する**中ぐり盤**（boring machine）を開発した．切削の主運動は工具の回転で，その工具はピニオンを回転することにより両端支持の軸上を移動する構造となっている．これにより工具刃先は円筒面上を運動し，その包絡面として正確な円筒面が加工できるようになった．現在の切削用工作機械においても，いかに精密かつ高速に工具刃先の運動軌跡を制御するのかが重要な課題である．

6.2 切削工具と工作機械

　工作機械にはさまざまな種類があり，図6.1に示した切削加工の基本様式に基づいて各種工作機械の特徴を**表6.1**にまとめる．以下，代表的な工作機械とそれによる加工について説明する．

6.2.1 旋盤・ターニングセンタによる加工

　図6.5に示す**旋盤**（lathe）は工作物の回転を主運動とし，刃物台に取り付けた**バイト**（single point tool）などの工具に送り運動を与えて，外丸削り，面削り，テーパ削り，穴あけ，中ぐり，ねじ切りなどの加工を行う．最も基本的なものは普通旋盤であり，

表6.1 代表的な金属切削工作機械とその加工方法

代表的な工作機械	工作物の運動	工具の運動	代表的な加工方法
旋盤	回転	直進	旋削
ターニングセンタ	回転 回転・停止	直進 回転・直進	旋削 ドリル加工，フライス加工
ホブ盤	回転	回転・直進	歯切り
フライス盤	直進	回転	フライス加工，ドリル加工
マシニングセンタ	直進	回転	フライス加工，ドリル加工，中ぐり，タップ加工，リーマ加工
プラノミラー	直進	回転	フライス加工
ボール盤	−	回転・直進	ドリル加工，タップ加工
中ぐり盤	−	回転・直進	中ぐり
ブローチ盤	−	直進	ブローチ加工

回転・直進：回転運動と直進運動とを同時に与えることを意味する

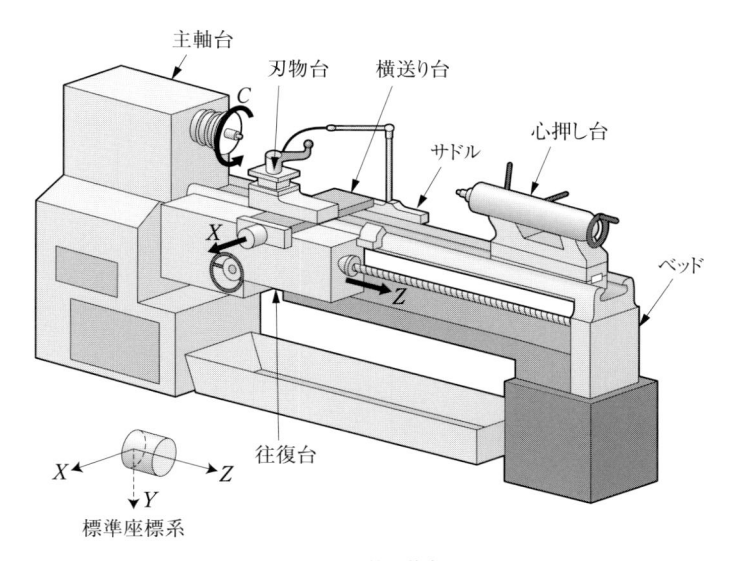

図6.5 普通旋盤

［日本機械学会(編)，機械工学便覧デザイン編 β 3 加工学・加工機器，日本機械学会(2006)図9.2を参考に作成］

旋削作業は切削工具の形状と送りの方向によって，図6.6に示すようにさまざまな加工が可能である．図6.7のターニングセンタ(turning centre)は，バイト以外に回転工具を使用でき，工具の自動交換機能を備え，旋削加工以外に工具主軸に取り付けた工具を用いて穴あけやフライス加工を行う数値制御工作機械である．旋削主軸の回転角度制御(C軸制御)やY軸送りなど制御軸数を増やすことにより，1回の段取りで旋削

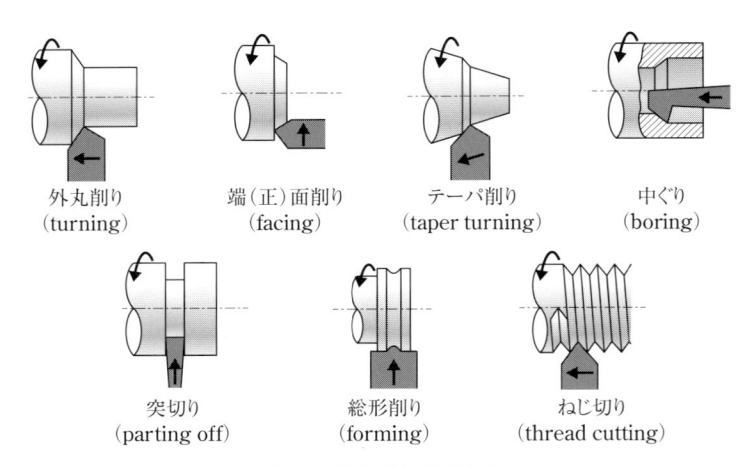

外丸削り　　端(正)面削り　　テーパ削り　　中ぐり
(turning)　　(facing)　　(taper turning)　　(boring)

突切り　　総形削り　　ねじ切り
(parting off)　　(forming)　　(thread cutting)

図6.6　基本的な旋削作業

[日本機械学会(編)，機械工学便覧デザイン編β3　加工学・加工機器，日本機械学会(2006)図5.30を参考に作成]

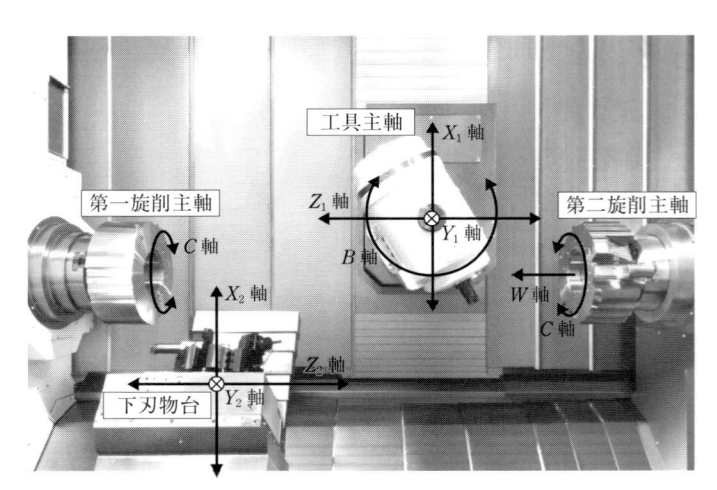

図6.7　代表的なターニングセンタ(複合加工機)の形態
[提供：ヤマザキマザック]

加工，斜めのドリル加工，みぞ加工や平面加工などの複雑なフライス加工も行うことができ，近年急速に普及が進んでいる．制御軸数が5軸以上あり，旋削とフライス加工などを高度に複合した加工が可能な工作機械は複合加工機と呼ばれる（図6.7）．

図6.8に主な**旋削工具**（turning tool）の構造を示す．工具摩耗時の工具交換の必要性から刃先（インサートと呼ぶ）を機械的に固定する方式が多く用いられ，刃先交換式と呼ばれる．すくい面の上面には切りくず処理性の改善を目的としてチップブレーカが取り付けられる．

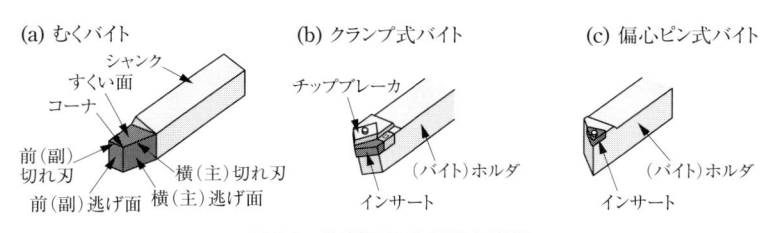

図6.8 旋削工具の構造と種類
(a)は刃先がシャンクと一体，(b)(c)は刃先交換式．

6.2.2 フライス盤・マシニングセンタによる加工

フライス盤（milling machine）は，正面フライス，エンドミル，みぞフライスなどの工具を回転させ，XYZの送り軸で工具と工作物との相対運動を与えて切削加工する工作機械である．主軸の方向によって立て形と横形があり，テーブルの支持方法によってひざ形とベッド形がある．一例として図6.9にひざ形立てフライス盤を示す．

マシニングセンタ（machining center）は，フライス加工，ドリル加工，タップ加工，リーマ加工，中ぐりなどの加工を行うことができる多機能の数値制御工作機械である．

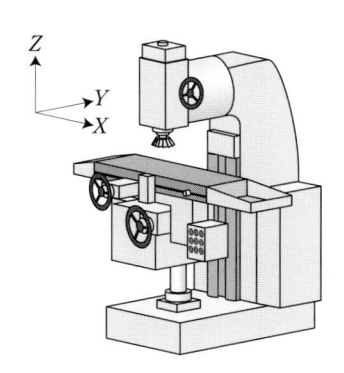

図6.9 ひざ形立てフライス盤

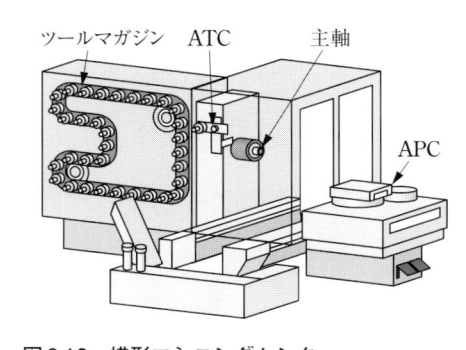

図6.10 横形マシニングセンタ
［JIS 0105 付図46 横形マシニングセンタ（C24）を参考に作成］

6.2 切削工具と工作機械　79

図6.10の横形マシニングセンタは，**自動工具交換装置**（automatic tool changer，ATC）を備え，多工程の無人運転が可能である．また，**自動パレット交換装置**（automatic pallet changer，APC）を付加することにより，工作物の付け替えによる工作機械の停止時間を短縮し稼働率を高めることが可能であり，自動化・省力化のレベルを向上することができる．

XYZ の直進軸に加えて2つの旋回軸を備えた**5軸制御マシニングセンタ**（five-axis machining centre）では，工作物の付け替えなしで直方体の5面を加工したり，図6.11のようにインペラのような複雑な自由曲面に対し工具干渉を回避して加工ができる．代表的な構成として，テーブル側に2つの旋回軸をもつタイプ（図6.11）と，主軸ヘッド側に2つの旋回軸をもつタイプがある．

フライス盤やマシニングセンタに用いる基本的なフライス加工作業を図6.12に示す．同様な形状に対して加工方法は複数存在する．フライス加工で最も多用される工具は

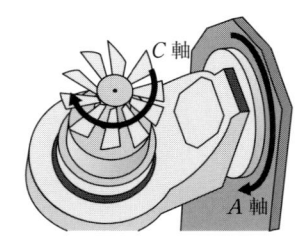

図6.11　5軸制御マシニングセンタによるインペラ加工
［日本工作機械工業会「DVD 機械をつくる不思議な機械」を参考に作成］

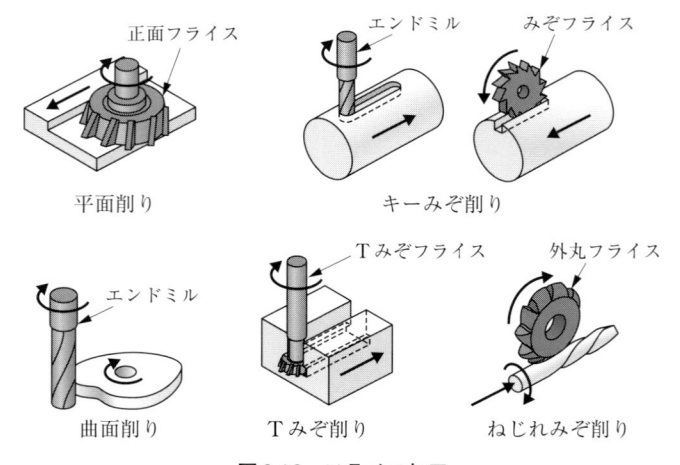

図6.12　フライス加工

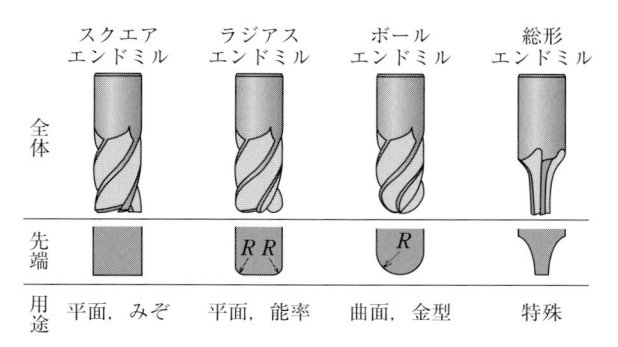

	スクエア エンドミル	ラジアス エンドミル	ボール エンドミル	総形 エンドミル
全体				
先端		R R	R	
用途	平面, みぞ	平面, 能率	曲面, 金型	特殊

図6.13　エンドミルの種類と加工

エンドミル（end mill）である．図6.13に示す**スクエアエンドミル**（square end mill）と**ボールエンドミル**（ball end mill）が一般的で，用途により底刃や外周刃の形状を選択する．

6.2.3　ボール盤・ドリリングセンタ・タッピングセンタによる加工

ボール盤（drilling machine）はドリルを回転させて主運動とし，Z軸方向送りによって穴を加工するための工作機械である（**図6.14**）．**ドリリングセンタ**（drilling center）あるいは**タッピングセンタ**（tapping center）はXYZ 3軸の数値制御工作機械であり，ドリル加工に加えてタップ加工によってねじを加工する機能や，小径のエンドミルを用いたみぞ加工，座ぐり加工などの機能を有しているのが普通である．

最も一般的に用いられているドリルは**ツイストドリル**（twist drill）である（**図6.15**）．ねじれみぞはドリル先端で生じる切りくずを穴外に排出する役割がある．切りくずの排出性を高めるためみぞを大きくするとドリルの剛性が低下し，加工精度の低下やドリルの折損につながる．**ガンドリル**（gun drill）は深穴専用のドリルで，穴径の100～

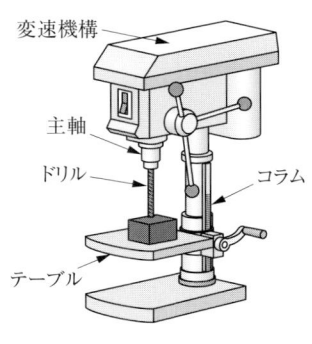

図6.14　ボール盤

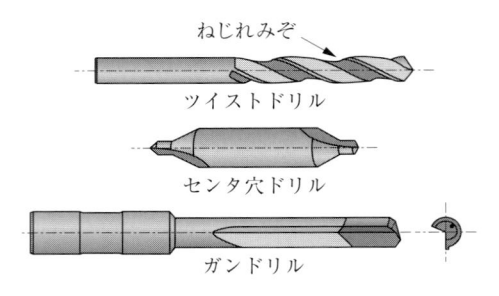

図6.15　各種ドリル
［中山一雄，上原邦雄，新版　機械加工，朝倉書店（1997）図5.11を参考に作成］

200倍の深さの加工が可能で，加工穴の真直度，粗さ，径精度も優れている．

6.2.4　手作業で可能な加工

比較的小径のねじは，**ねじ切りダイス**（thread cutting die，おねじ用，**図6.16**），タップ（tap，めねじ用，**図6.17**）を用いて手作業で加工できる．いずれもねじ山の形状と一致する工具切れ刃を有し，その形状が工作物に転写されるので工作機械による運動

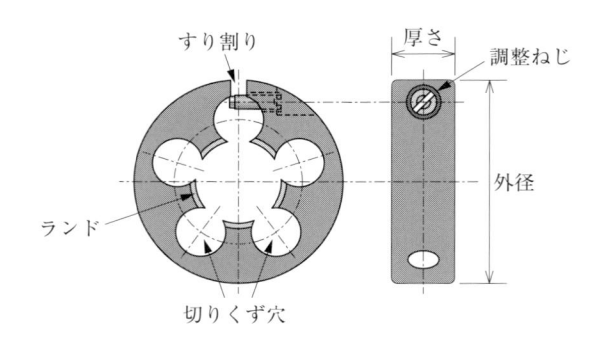

図6.16　ねじ切りダイス
［中山一雄，上原邦雄，新版　機械加工，朝倉書店（1997）図5.25を参考に作成］

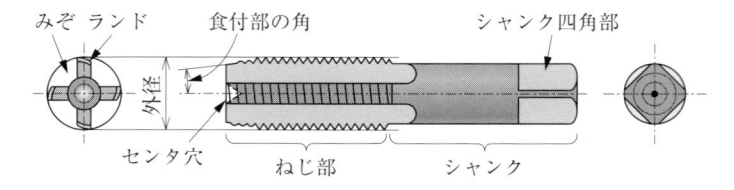

図6.17　タップ
［中山一雄，上原邦雄，新版　機械加工，朝倉書店（1997）図5.24を参考に作成］

の制御や案内がなくてもよく，手作業が可能となっている．

6.3 切削機構

　切削加工では，金属，樹脂，場合によってはセラミックスなどの脆性材料まで加工対象となるが，以下では金属切削を想定し，そのメカニズムを解説する．まず，金属材料の表面を工具で除去する場合とナイフでリンゴの皮をむく場合とで異なる点を考える．**図6.18**に示すように，ナイフは薄く，刃先のくさび角が小さいが，金属切削の工具には大きな加工力が作用するため，工具が変形したり破壊したりしないようくさび角（**刃先角**（wedge angle）と呼ぶ）の大きい工具を使用する．両者では刃物のくさび角が大きく異なるだけでなく，除去されたものの長さも大きく異なる．むかれたリンゴの皮の長さは，皮むきした経路の長さとほぼ等しい．一方，金属切削時の切りくずの長さは，条件によるが切削した距離のおよそ1/3～1/5程度に短くなる．言い換えると，切りくずの厚さは切り取り厚さの3～5倍程度に厚くなる．つまり，リンゴの皮はリンゴの表面から刃先によって分離されただけであるが，金属切削の場合は切りくずとなる際に大きな塑性変形をともなうことを意味する．

　図6.19に炭素鋼を切削した際の切りくずの断面の組織写真を示す．切りくず厚さが切り取り厚さより大きいことがわかる．また，点線で示す領域を通過する際に反時計回りのせん断変形を生じ，その結果として切りくずの金属組織が左上から右下方向に細長く伸びる．このせん断変形が生じる領域を**せん断域**（shear zone）と呼び，金属切削で重要な役割を果たす．多くの場合せん断域の幅は狭く，面で近似可能である．これを**せん断面**（shear plane）と定義する．工具刃先で材料の不要な部分を分離しながら

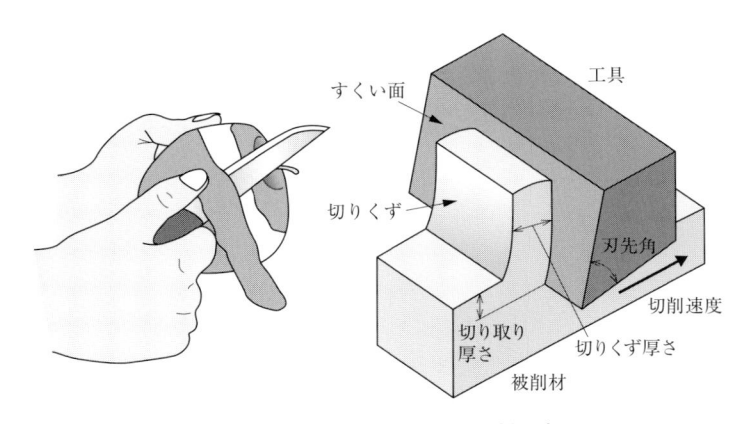

図6.18　リンゴの皮むきと金属切削の違い

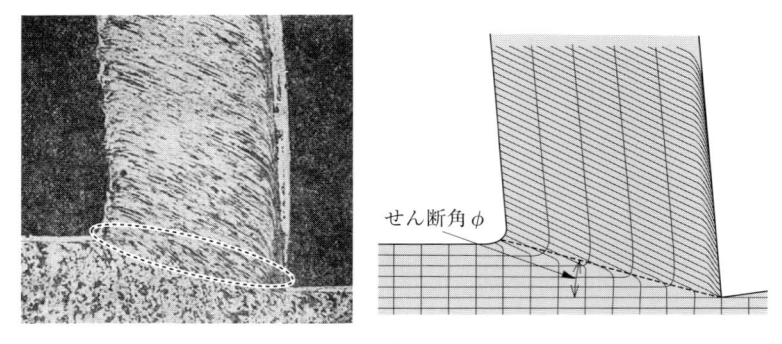

図6.19 切りくず生成とせん断変形
[佐久間敬三，齊藤勝政，松尾哲夫，機械工作法，朝倉書店（1984）図2.12]

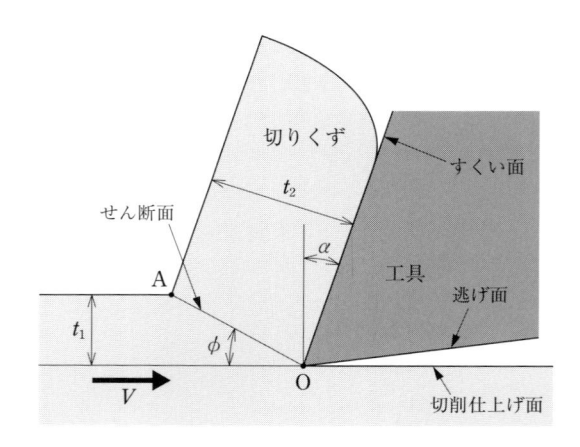

図6.20 せん断面切削モデル

仕上げ面を創成し，分離した部分をせん断面で瞬時にせん断し，切りくずとして除去する単純化されたモデルを**せん断面切削モデル**（shear plane model）と呼ぶ．

せん断面切削モデルを**図6.20**に示す．加工面に垂直な方向を基準として工具のすくい面とのなす角 α を**すくい角**（rake angle）という．金属切削においてすくい角 α は $-5°\sim 20°$ 程度が一般的である．すくい角 α の工具で，切り取り厚さ t_1 で切削が行われると，せん断面 AO で反時計回りのせん断変形を生じ，切りくず厚さ t_2 がすくい面を擦過しながらすくい面に平行に流出する．このとき，せん断角 ϕ は幾何学的に求めることができ，切削比 $r_c = t_1/t_2$ を用いて，

$$\tan\phi = \frac{r_c \cos\alpha}{1 - r_c \sin\alpha} \tag{6.1}$$

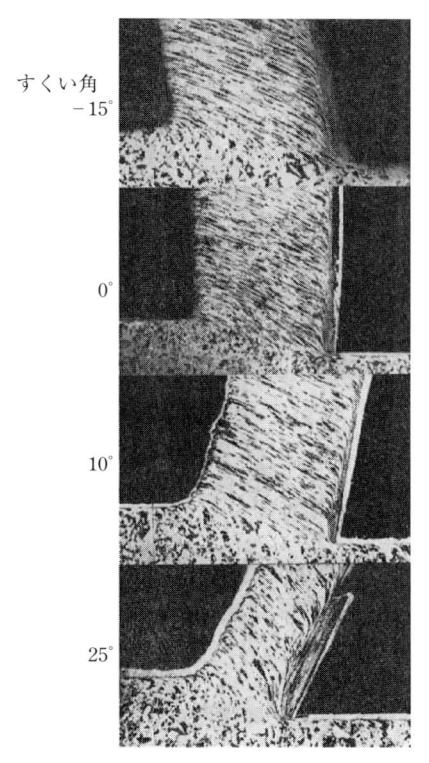

図6.21 すくい角による切削状態の変化
[臼井英治，切削研削加工学，共立出版(1971)図1.24]

で与えられる．すなわち，すくい角 α と切り取り厚さ t_1 は既知なので，切りくず厚さ t_2 を測定すれば，せん断角 ϕ が求められる．実際には，せん断角は一定でなく，工具と工作物の材料，切削速度，切り取り厚さ，切削油剤，工具摩耗状態などによって変化する．

図6.21 に切込みが同一で，すくい角だけが異なる場合の半生成切りくずを示す．すくい角が大きいほど切りくずが薄くなり，せん断角が大きくなっていることがよくわかる．

6.4 切削抵抗

切削時には**切削抵抗**（cutting resistance）が作用し，工具や工作物のたわみにつながり，加工精度低下の要因となる．工作機械や切削工具の設計や最適切削条件の設定

を行うためにも切削抵抗を予測できると有用である．切削抵抗の予測には，あらかじめ切削試験を行い，単位切削断面積あたりの切削抵抗（**比切削抵抗**（specific cutting resistance））を求めておき，切込みや送りといった条件の変更に対して，比切削抵抗に切削断面積を乗じて**切削力**（cutting force）とする方法が最も簡単である．切削抵抗が切り取り厚さ t_1 や切削幅にほぼ比例する関係を利用している．

次に，せん断面切削モデルから切削抵抗を求める方法について図6.22により説明する．せん断面 AO で切りくずをせん断変形する力 R' は，切りくずを生成するために必要な力であり，これは工具すくい面を介して工具が受ける抵抗 R（切削力）と大きさが同じで向きが反対となり平衡している．R はすくい面に働く垂直力 N と摩擦力 F，あるいは主分力 F_H（切削速度方向成分）とそれに垂直な背分力 F_V とに分解することができる．また，R' はせん断方向の成分 F_S とこれに垂直な成分 N_S に分解でき，

$$\begin{cases} F = F_H \sin\alpha + F_V \cos\alpha \\ N = F_H \cos\alpha - F_V \sin\alpha \end{cases} \tag{6.2}$$

$$\begin{cases} F_S = F_H \cos\phi - F_V \sin\phi \\ N_S = F_H \sin\phi + F_V \cos\phi = F_S \tan(\phi + \beta - \alpha) \end{cases} \tag{6.3}$$

の関係が成立する．すくい面での平均摩擦係数 μ と摩擦角 β との関係は，

$$\mu = F/N = \tan\beta \tag{6.4}$$

となる．せん断面上の平均せん断応力 τ_S および平均垂直応力 σ_S は，切削幅を b とすると，

$$\begin{cases} \tau_S = (F_H \cos\phi - F_V \sin\phi) \cdot \sin\phi/(bt_1) \\ \sigma_S = (F_H \sin\phi + F_V \cos\phi) \cdot \sin\phi/(bt_1) \end{cases} \tag{6.5}$$

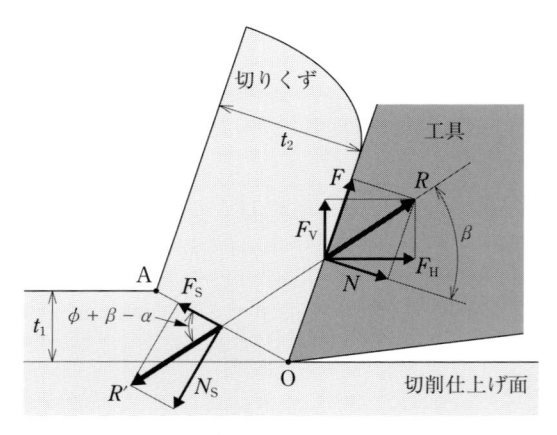

図6.22　2次元切削における力の平衡
切削幅 b は紙面に垂直．

表6.2 各種の切削力予測手法

手法	入力データ	予測可能物理量	その他
比切削抵抗	都度の実験	切削力	簡便だが，条件変化への適応性は低い．
せん断面切削モデル	2次元切削データ	切削力	一般的な旋削やエンドミル加工など3次元への拡張の際には，切りくず流出方向をほかの方法で定める必要がある．
有限要素法	材料特性，工具すくい面摩擦特性	切削力，せん断角，切りくず厚さ，温度・ひずみ・残留応力などの分布	大ひずみ，高音，高ひずみ速度に対応した被削材の変形特性を得る必要がある．専用ソフトウェアには，代表的な材料の変形特性が組み込まれているものもある．

となる．また，τ_S, β, ϕ が既知であれば，F_H, F_V は次式で与えられる．

$$\begin{cases} F_H = \dfrac{\tau_S b t_1}{\sin\phi} \cdot \dfrac{\cos(\beta-\alpha)}{\cos(\phi+\beta-\alpha)} \\ F_V = \dfrac{\tau_S b t_1}{\sin\phi} \cdot \dfrac{\sin(\beta-\alpha)}{\cos(\phi+\beta-\alpha)} \end{cases} \quad (6.6)$$

せん断面モデルを用いて切削力を予測するには，2次元切削における諸量（τ_S, β, ϕ）（2次元切削データ）をあらかじめ実験により測定しておき，式(6.6)に代入すればよい．切削速度，すくい角の変化に対する諸量のデータベースがあれば，さまざまな切削条件の変更に対しても切削力の予測が可能である．

さらに，近年では，**有限要素法**（finite element method）による切りくず生成のシミュレーション用ソフトウェアも開発され，エンジニアレベルでの利用が可能となってきた．この場合，基本的には切削時の物理状態を計算機内で再現しているので，切削力だけでなく，温度やひずみ，残留応力といった物理量も同時に求めることができる．**表6.2**に切削力予測手法についてまとめる．

6.5 切削温度

切削において消費されるエネルギーのほとんどは熱に変換され，切りくず生成域の温度すなわち**切削温度**（cutting temperature）が上昇する．工作機械の消費電力のうち，切削抵抗に抗してなした仕事に相当するエネルギーは，主分力 F_H と切削速度 V の積として与えられる．したがって，切削速度が増大するほど単位時間に発生する熱量は増大し，温度上昇量も大きくなる．切削機構的には，**図6.23**に示すようにせん断面での塑性仕事，すくい面での摩擦仕事，逃げ面摩耗部での摩擦仕事が熱源となる．

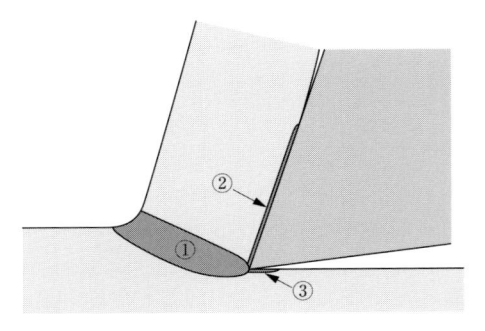

①せん断域での塑性仕事
②すくい面での摩擦仕事
③逃げ面摩耗部での摩擦仕事

図6.23 切削時の熱源となる場所

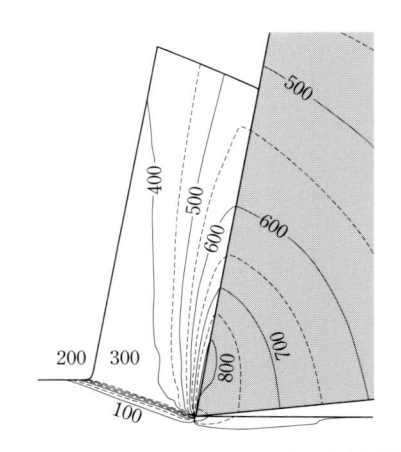

図6.24 数値解析による切削温度分布(単位℃)

発生した熱は，切りくず，工具，工作物に流入しそれぞれの温度を上昇させる．実際には，発生した熱エネルギーのうちおよそ70〜80%程度は切りくずに，残りが工作物と工具に流入する．これにより，工具，工作物，あるいは工作機械が熱膨張し，熱変形が引き起こされる．したがって，高精度な加工を行うには，それらの温度変化を極力抑えるか，あるいは温度変化による変形を補正するような加工を行う必要がある．また工具温度の上昇は工具の強度を低下させるとともに，工具-工作物界面を熱的に活性化させ，後述のように工具の摩耗を促進させる．

図6.24は有限要素法により求めた切削時の温度分布である．切りくずはせん断面付

近を通過する際に800℃程度まで昇温していること，工具すくい面に近いほどすくい面の摩擦熱源の影響により温度が高いことがわかる．また最高温度はすくい面の刃先から離れた点に現れることもわかる．当然ながら，工具と工作物の材質，特に熱伝導率や切削油剤の使用によっても温度は変化する．

6.6 工具の損耗

6.6.1 工具損耗の機構

既述のように，切削工具と切りくずの界面，工具逃げ面摩耗部と仕上げ面の界面は，高温になるだけでなく，金属を塑性変形させるための切削力が工具に作用するので，図6.25に示すように高い応力状態となる．すくい面の垂直応力 σ_t は刃先に向かって急激に増大し，刃先で数GPaに達する．さらに，通常の機械部品の接触とは異なり，削り出された直後の酸化物に覆われていない新生面が工具すくい面や逃げ面摩耗部と接触する．新生面は活性が高く，このような接触状況下では，高温・高応力により凝着，拡散，微少欠陥の成長などミクロな現象が促進される．その結果として，比較的短時間で工具は損耗する．切削工具が損傷すると，加工精度が低下したり，加工不能となったりするため，損耗状態を管理し適時に工具を交換したり，刃先を研磨し直したりする必要がある．

工具損耗の形態は，突発的に工具が欠損したり折れたりする**脆性損傷**（brittle failure）と，漸進的に工具がすり減る**摩耗**（wear）とに大別できる．脆性損傷は，切削抵抗による工具内の応力が過大であったり，工具内に異常な欠陥が存在する場合に生じる．また，フライス加工のような断続切削時には繰返し応力を受け，工具材料が疲労し破壊

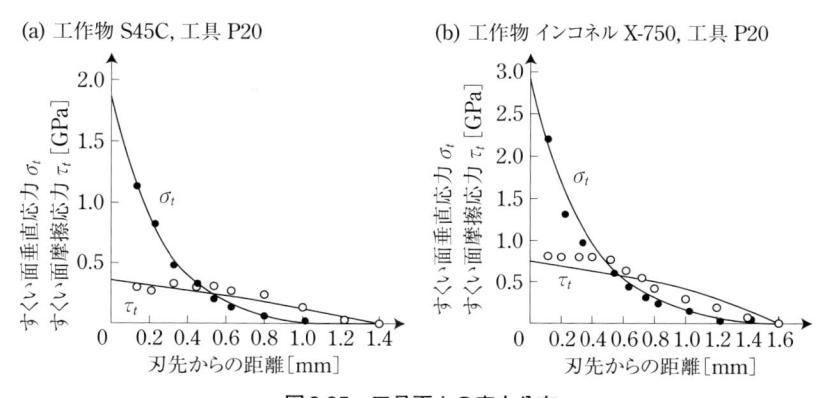

図6.25 工具面上の応力分布

[臼井英治ら，精密機械，48，9（1982）1231]

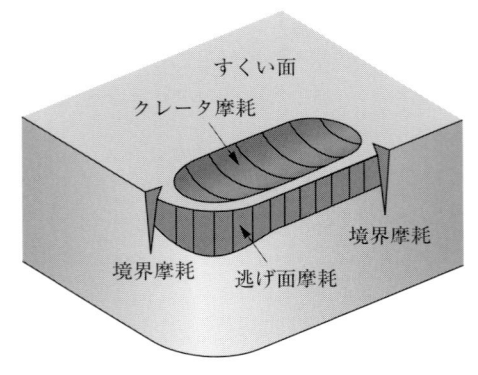

図6.26 工具摩耗の形態

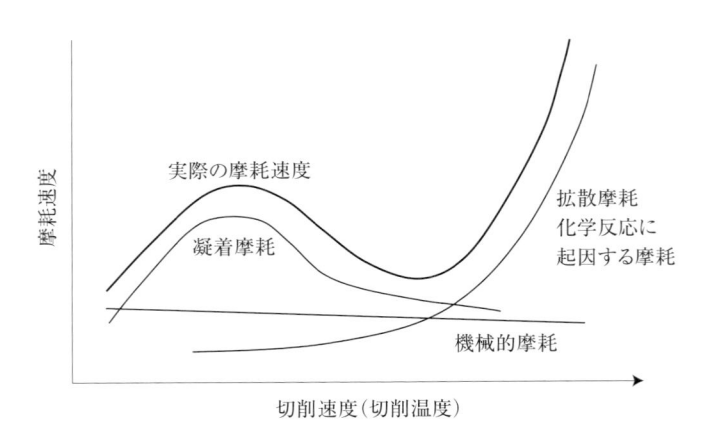

図6.27 切削温度と工具摩耗機構

につながることもある.いずれにしても突発的に生じ,切削不能となることが多いため好ましくない損耗形態である.

図6.26に代表的な工具摩耗形態を示す.工具すくい面には切りくずと接触する中央部分がへこむ**すくい面摩耗**(crater wear)(クレータ状にへこむためクレータ摩耗と呼ばれる),工具逃げ面には仕上げ面と擦過する部分に生じる**逃げ面摩耗**(flank wear),工具と工作物の接触境界に生じる**境界摩耗**(notch wear)が発達する.摩耗はある程度予測が可能である.基本的な摩耗機構と切削速度(温度)との関係を図6.27に示す.**凝着摩耗**(adhesive wear)は,工具表面に切りくずの一部が付着した後に,工具側で破断・分離し切りくずとともに脱落する現象である.**機械的摩耗**(abrasive wear)はすり減り摩耗とも呼ばれ,工作物中の高硬度介在物が工具表面を微小に削り取る現象であ

る．これは温度の影響をほとんど受けない．一方，温度上昇に対して指数関数的に効果が大きくなる摩耗機構が，**拡散摩耗**(diffusion wear)や化学反応に起因する摩耗である．拡散摩耗では工具と切りくずあるいは工具と工作物の接触界面を通じて，それぞれを構成する元素が拡散し，強度の低い合金が複雑に形成されることで摩耗が進行する．超硬工具(主成分 WC，TiC，Co)による炭素鋼(Fe，C)の切削を例にとると，超硬から炭素鋼への炭素(C)の拡散や超硬のコバルト(Co)と炭素鋼の鉄(Fe)との相互拡散などが摩耗を促進する．

6.6.2　工具材料

工具を損耗させずに精密な加工を行うためには，工具材料には次のような特性が求められる．①工作物よりも硬さが3倍以上高く，高温でもその硬さが低下しない．②耐摩耗性が高い．③靱性が高く欠けにくい．④工作物との親和性が低く，切りくずの凝着が生じにくい．⑤切れ刃の成形性がよい．⑥適正な価格である．

多種多様な工具材料が現在用いられているが，すべての要求を満たす材料はなく，用途や条件に応じて工具材料を選択する．

図6.28に鋼の旋削に適用可能な代表的な工具材料とその切削条件範囲を示す[※2]．これは工具材料の高温硬度と靱性に大きく依存している．例えば，セラミックスは高温硬度が高いため，高温となる高速で加工できるが，靱性が低いため切削抵抗が大きく

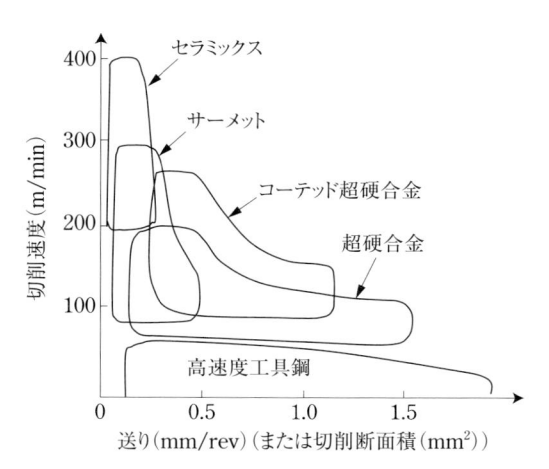

図6.28　各種工具材料の適用範囲例(鋼の旋削)

※2　サーメットとは炭窒化チタン(Ti(C, N))をニッケルやコバルトを結合剤として燒結したもので，鋼との親和性が低いため，仕上げ切削に有効である．

なる条件では加工に適さない．現在では，超硬合金の母材に耐摩耗性の高い材料をコーティングしたコーテッド超硬合金が，幅広い切削条件に対応できる工具材料として多用されている．また，焼入れ鋼や鋳鉄の高速切削にはCBN（立方晶窒化ホウ素焼結体）が，非鉄金属，樹脂，セラミックスやガラスなどの超精密切削にはダイヤモンドが工具材料として用いられる．なお，超硬合金は，コバルトを結合剤としてWC，TiC，TaC，NbCの微粒子（$0.5 \sim 2\ \mu m$程度）を焼結した鋼の切削用と，コバルトを結合剤としてWCを焼結した鋼以外の切削用とに分けられる．後者は応用編2章の金型材料としても使用される．またコーテッド超硬合金については，応用編5章で説明する．

6.7 加工精度と仕上げ面

6.7.1 切削の精度と影響因子

切削加工における加工精度は，工作物と工具刃先との相対的な運動軌跡が設定した値に保たれるか否かによって決まる．したがって，基本的には，工作機械の送り運動，回転運動，位置決めなどの精度や工具の形状精度により工作物の加工精度は左右される．また，切削熱による工具や工作機械の温度上昇と熱変形も加工精度に影響する．超精密加工においては，加工環境の温度変化による工具，工作物，工作機械の変形を防止するため，恒温室で切削作業が行われる．剛性が低い工作物や工具を用いる場合には，切削抵抗によるたわみの影響が無視できない．例えば丸棒を片持ちの状態で旋削すると，工作物を固定するチャックから離れた自由端に近いほどたわみが大きくなり，実際の切込みが設定値より小さくなる．そのため加工後の形状は自由端側が太くなる．そのほか，工具の摩耗や加工時の振動によっても加工精度は低下する．

6.7.2 仕上げ面粗さ

表面の微小な凹凸の状態を**粗さ**（roughness）という．機械加工した面は一見滑らかにみえても微小な凹凸が残っている．加工面の機能を満足する粗さに仕上げるために，適切な加工方法，加工条件を採用する必要がある．**図6.29**に旋削の例を示す．バイトの刃先は半径rの丸みがあり（コーナ半径と呼ぶ），この部分が切削面を創成しているとき，半径rのごく浅いみぞが送りfのピッチでつくられていると考えることができる．このみぞの山と谷の高さの差が**最大高さ粗さ**（maximum roughness height）Rzに対応し，$Rz = f^2/(8r)$で近似できる．これは運動軌跡どおりに工具形状が転写された場合に幾何学的に決まる粗さで，**理想粗さ**（ideal roughness）と呼ぶ．通常はこれよりも大きな粗さになる．その理由は，構成刃先の生成・脱落にともなって生じる凹凸[*3]，工具の摩耗や欠損により工具の輪郭形状が崩れることに起因する凹凸，切削点付近で

$$Rz = \frac{f^2}{8r}$$

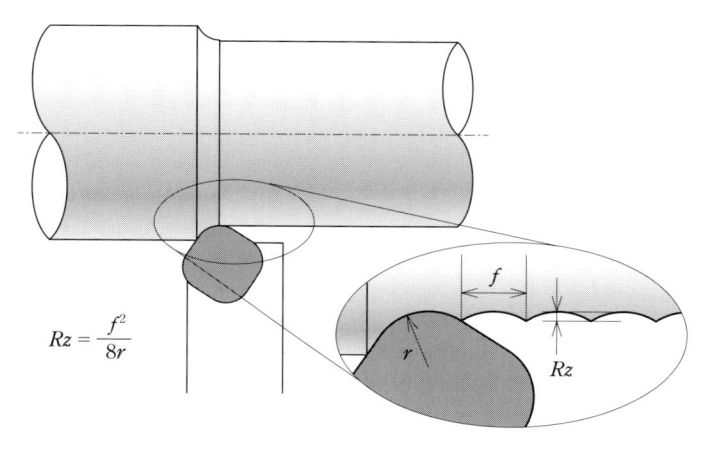

図 6.29　旋削時の理論粗さ

材料がむしれたり盛り上がったりすることに起因する凹凸などが生じるためである．なお，切削面の**算術平均粗さ**（arithmetic average roughness）Ra の値は Rz の $1/6$ 〜 $1/4$ 倍程度となる．

6.8　切削油剤

切削時に工具温度は上昇し，工具面には高い応力が作用するので，局所的に冷却と潤滑を行うと有利である．**切削油剤**（cutting fluid）[※4] により，①工具・工作物の冷却，②工具面の潤滑，③切りくず細片の除去，④仕上げ面の保護・防錆などの効果が得られる．

切削油剤は定期的に交換・廃棄する必要があり，それにともなう環境インパクトとコストを低減する取り組みが進んでいる．近年，1時間あたり数 mL 〜数十 mL 程度の微量の油剤を圧縮空気とともに切削点に供給する，**ニアドライ加工**（near dry machining）あるいは **MQL**（minimum quantity lubrication）**加工**と呼ばれる手法が普及してきている．

[※3]　構成刃先とは，大きな塑性ひずみを受けて加工硬化した工作物の一部が工具刃先に付着し，工具刃先の一部として工作物を切削するもの．生成と脱落を短い周期で繰り返し，付着した状態では過切削となる．刃先から脱落すると，正常な切削に戻るが，脱落した構成刃先の一部は加工面に残るため凹凸が生じる．

[※4]　鉱物油や動植物油を主成分とする不水溶性切削油剤と，油分あるいは無機塩類と界面活性剤・防錆剤を主成分とする原液を水で数十倍に希釈して用いる水溶性切削油剤に分類される．後者は引火性がなく冷却性能が高いので切削速度の高速化が進む近年では多用されており，**切削液**とも呼ばれる．

6.9 切りくず処理

　工作機械内で発生した切りくずは高温の熱源でもあり，速やかに工作物付近や加工機テーブル，ベッドから離れた場所に排除する必要がある．また，切りくずは加工硬化しているため，加工面に傷をつける可能性があり，切削部にかみ込むと工具欠損や仕上げ面品位の低下につながる．長くつながった切りくずは工具や工作物の周りにからみつき危険でもある．以上のような問題が生じないよう，切りくずの生成状態を制御してトラブルを回避する必要がある．

　既述のように，切りくずを加工点付近から除去するには切削油剤が用いられる．しかし，油剤を用いない場合やMQL加工の場合には積極的に切りくずを分断し後処理を容易にする必要がある．

　その主な対策として，**図6.30**に示すような**チップブレーカ**(chip breaker)付きの工具が多用されている．すくい面上にあるみぞ型のチップブレーカにより切りくずを強制的に曲げてカール半径を小さくする．さらに，カールした切りくずは工具逃げ面や工作物の切削面に衝突する．その結果，カール半径が r_0 から増大し，切りくずはⓒ Cを支点として外向きに曲げられ，破断することになる．

　チップブレーカの作用は切削条件により異なる．**図6.31**に切削条件と切りくず形状の関係を示す．(b)のⓒ領域やⓓ領域で生成する切りくず形状が良好で切削トラブルを起こしにくい．これらの有効範囲より小さな送り，切込みでは，切りくずがチップブレーカに接触しないのでチップブレーカとして作用せず，リボン状やもつれた切りくずが生成する．

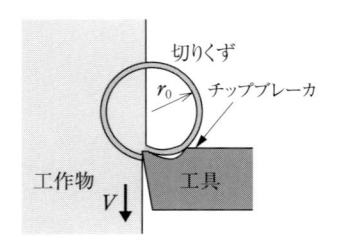

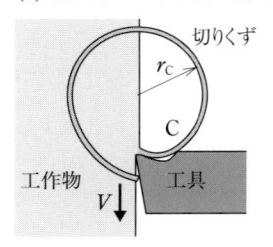

(a) 切りくずが逃げ面に当たった瞬間　　(b) 切りくずカール半径の増大

図6.30　チップブレーカによる切りくずの破断
[日本機械学会(編)，生産加工の原理，日刊工業新聞社(1998)図5.16]

領域	Ⓐ	Ⓑ	Ⓒ	Ⓓ	Ⓔ
切りくず形状					
備考	工具，被削材などに絡まり危険	規則的連続形状長く伸びる	良好	良好	切りくず飛散びびり振動仕上げ面不良

(a) 切りくず形状

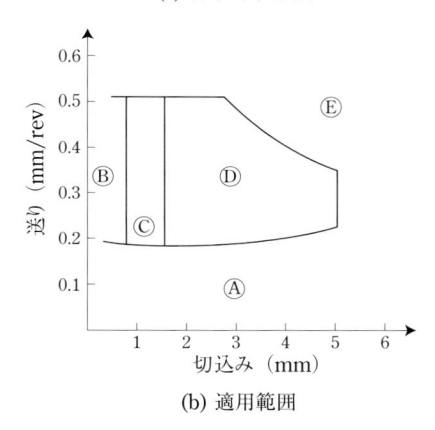

(b) 適用範囲

図 6.31 チップブレーカによる切りくず処理
［三菱マテリアル Web 資料を参考に作成］

6.10 被削性

被削性（machinability）とは材料の削りやすさを示す性質である．工業的には，製品に要求される品位を満たし，能率よく加工できることが求められる．切削加工の基本に立ち戻ると，①切削抵抗が小さく，たわみや熱膨張および工具摩耗に起因する加工誤差が小さいこと，②工具寿命が長いこと，③切りくず処理性が良好であること，④仕上げ面粗さが良好であることが挙げられる．実際には工具寿命を基準に被削性を評価することが多く，材料強度が高く硬度が高い材料ほど，また熱伝導率が低い材料ほど，切削温度が高くなることから，工具摩耗が進行しやすく削りにくい材料とされる．

被削性の評価方式として，**被削性指数**（machinability rating）がある．これは硫黄快削鋼[※5]（AISI：B1112）を基準材として，同一工具寿命時間を示す切削速度の比（百分率）として表される．**表 6.3** に一例を示す．

表6.3 各種材料の被削性指数

工作物	被削性指数
硫黄快削鋼	100
中炭素鋼	50〜65
鋳鉄	50
ステンレス鋼	40〜65
チタン合金(Ti−6Al−4V)	26
ニッケル基耐熱合金	6〜15

6.11　複合加工機による新しい加工

　近年，切削形工作機械の多工程集約が進んでいる．代表的な工程集約形の加工として**複合加工機**（multi-tasking machine）による加工例を紹介する．図6.32(a)は丸棒を旋削した後，エンドミルを用いて傾斜面を加工し，さらにギアやねじを加工している例である．(b)はジェットエンジンのブリスクと呼ばれる部品を立て形の複合加工機で加工している様子である．旋削や穴加工に加えて，エンドミルで翼面を高精度に加工する．これらの例にみられるように，仕上げまでのすべての工程を1台の複合加工機で行うことにより，段取りの時間や手間を大幅に削減することができ，加工精度の向上にも貢献する．

(a) シャフト材への旋削，フライス削り，ギア・ねじの加工　　(b) ジェットエンジン用ブリスクの加工

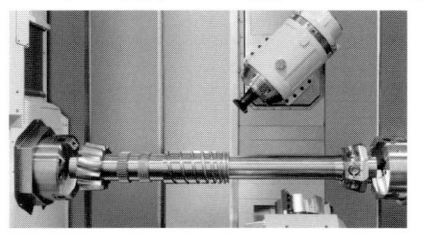

図6.32　複合加工機による新しい加工

※5　硫黄快削鋼とは鋼中に0.1〜0.3％程度の硫黄をMnSの形で点在させ，工具摩耗を減らすとともに，切りくずが切断しやすくした材料．

Topics
金属に四角の穴はあけられる？ ～ブローチ加工～

ドリル加工や中ぐりで丸い穴は容易に加工できる．エンドミルを使って複雑な形状の穴も加工できるが，角部の半径 R はエンドミルの半径以下に小さくすることはできない．では，四角い穴は加工できるだろうか？ ワイヤカット放電加工を用いれば四角や複雑形状が加工可能であるが，量産には向かない．そこで用いられるのが**ブローチ加工**（broaching）である．**図1**に示すようにキーみぞ，スプライン穴，四角穴などの特殊形状の穴内面を加工できる．ブローチは，所望の断面形状をした切れ刃が外周上に並んでおり，各切れ刃が順々に深く切削を行うよう配置された総形工具である．自動車の駆動系歯車用のスプライン継手の加工が典型的な使用例である．

また，ジェットエンジンのタービンは定期的に交換する必要があり，**図2**のようにシャフトにつながったディスクからブレードが取り外し可能となっている．このディスクの勘合部分はクリスマスツリーのような形のみぞ形状となっており，ブレードにかかる遠心力や高温に耐える形状に設計されている．このみぞはクリスマスツリーブローチと呼ばれるブローチで加工される．

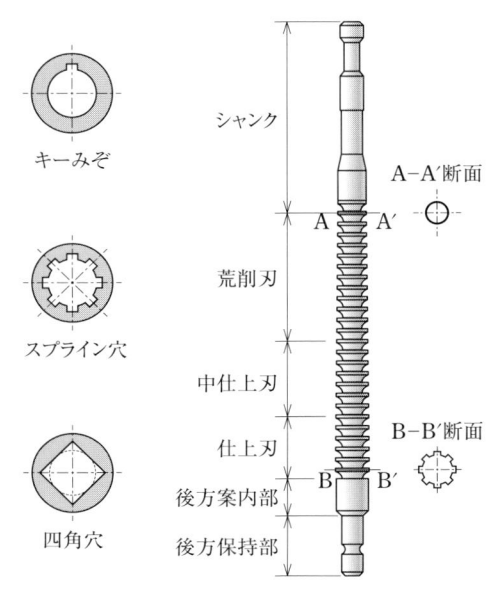

図1 ブローチと加工できる形状の例

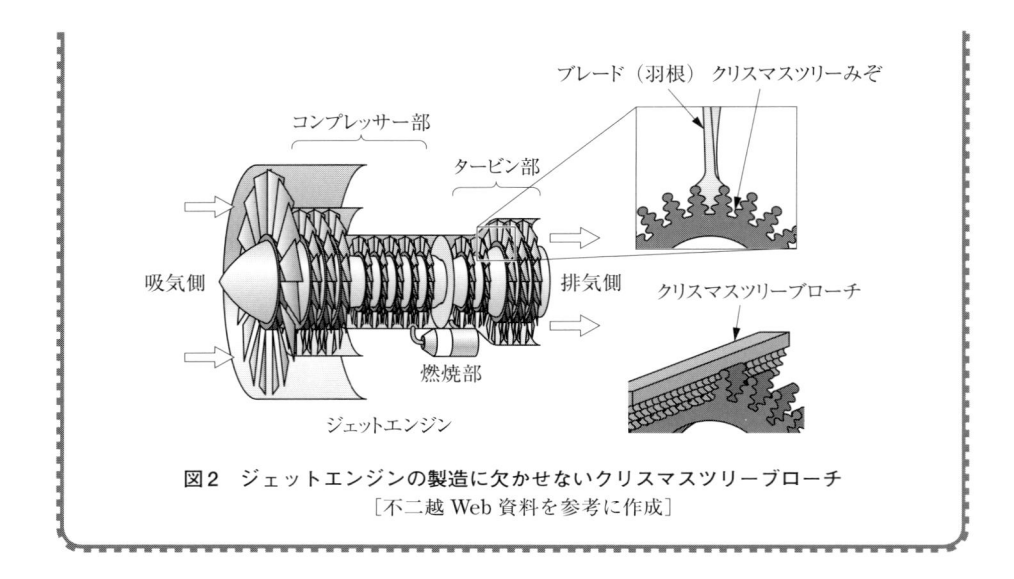

図2 ジェットエンジンの製造に欠かせないクリスマスツリーブローチ
[不二越 Web 資料を参考に作成]

参考文献
1) 中山一雄, 上原邦雄, 新版 機械加工, 朝倉書店(1997).
2) 日本機械学会(編), 機械工学便覧デザイン編 β 3 加工学・加工機器, 日本機械学会(2006).
3) 日本機械学会(編), 生産加工の原理, 日刊工業新聞社(1998).

● **演習問題**

6.1 すくい角 $15°$ の工具で長さ 100 mm の板の端面を切り取り厚さ 0.2 mm で2次元切削したところ,切りくずの長さは 30 mm であった.切削比とせん断角を求めよ.

6.2 金属部材に穴を加工する方法を3つ挙げ,それぞれの利点と欠点を述べよ.また,工業的に用いられているドリルで最も細いものの直径とその適用先を調べよ.

6.3 直径 100 mm の工作物を切削速度 100 m/min で切削したい.旋盤の主軸回転速度を計算せよ.工作機械主軸の回転速度は1分あたりの回転数で示し,単位は min^{-1} である(慣用的に rpm (revolution per minute) が用いられることもある).

6.4 旋削面の最大高さ粗さが 5 μm 以下になるよう切削したい.コーナ半径 0.4 mm の工具を使うとき,送り速度(1回転あたりの送り)の設定値を計算せよ.

6.5 旋削時の工具の最高温度となる位置が,刃先先端から少し離れたすくい面上となる理由を説明せよ.

第7章 研削加工

7.1 研削加工とは

　前章で説明した切削加工は切削工具先端の動いた軌跡により工作物の表面形状をつくり上げる方式(運動転写方式)の加工方法で、工具がわずかしか摩耗しないことが大前提となっている。工具が大きく摩耗してしまうと、加工した工作物の寸法や形状が狂ってしまい、高精度の加工ができなくなるからである。そのため、切削加工においては工具の硬さは工作物の硬さの3倍以上であることが推奨され、ガラスやセラミックスなどの工具摩耗が無視できないような硬質材料の加工は行われていない。この切削加工が苦手とする硬質材料の加工を行う運動転写方式の加工方法が、**研削加工**(grinding)である。

7.2 研削加工の特徴と種類

7.2.1 研削加工の特徴

　工具摩耗を少なく抑えるためには、切削加工に使用される工具よりも硬質の切れ刃を使用し、切れ刃あたりの切込み深さが小さくなるように加工条件を変更して切れ刃への加工負荷を減らす必要がある。そこで、研削加工においては、**図7.1**のように多数の微細な**砥粒**(切れ刃)を固着した工具である**研削砥石**(grinding wheel)を高速回転さ

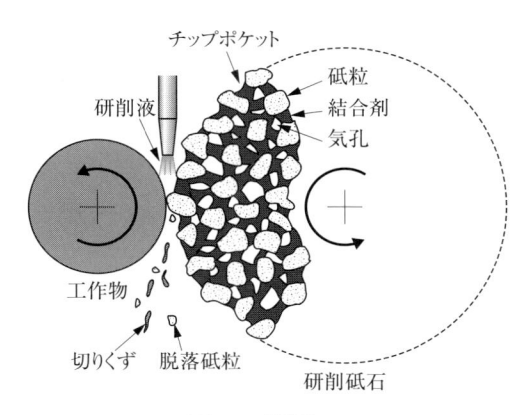

図7.1　研削加工

せ，これに工作物を押し当てることで工作物の表面を削り取る除去加工を行う．真円度や真直度などの工作物の形状精度を確保するために工作物にも回転運動や直線運動が加えられるが，工作物速度を高めると切れ刃あたりの加工負荷が増加するため，砥石の回転速度に比較すれば，工作物速度は小さな速度が採用される．除去量の少ない軽研削などでは何も吹きかけないで加工(**乾式研削**(dry grinding))が行われるが，通常は工作物の冷却や潤滑のため加工液を吹きかけながら加工(**湿式研削**(wet grinding))を行う．研削加工では硬質の工作物の加工を対象とすることから，図7.1のように砥粒の一部を摩耗，脱落させて切れ味を維持しながら加工を行う．

　湿式研削において冷却などのために供給される加工液を**研削液**(grinding fluid)という．研削液も切削液とほぼ同様であるが，研削加工では加工点が高温となるため冷却に優れた水ベースのものがよく使用される．研削液には鉱油を界面活性剤により水中に分散させた潤滑性の高いエマルションタイプ，界面活性剤を主成分とし洗浄性・浸透性に優れるソリューブルタイプ，防錆剤を主成分とし冷却性・防錆性に優れるソリューションタイプ，合成油を使用した水溶性潤滑剤のシンセティックタイプの4種類がある．研削液の主な役割は，冷却作用，潤滑作用，洗浄作用の3つである．

　運動転写方式(motion copying principle)とは，工具に機械的に所定の運動を与えて，その運動軌跡で工作物の表面形状を創成する，制御性や応答性に優れた除去加工の加工方式で，所定の切込みを与えて加工を行うことから**定寸切込み方式**(constant cutting depth method)とも呼ばれる．除去加工では切削加工と研削加工において採用されており，工作物の加工前の形状に影響を受けず目的とする形状を創成したい場合に適用される加工方式である．工具である研削砥石，工作物，工作機械は有限の剛性をもっていることから，実際には加工前の形状(凹凸)の影響や材質むらの影響を多少受け，仕上がり状態は設定値から若干ずれることになる．研削に使用される工作機械を**研削盤**(grinding machine)と呼ぶ．

　研削加工を前章で述べた切削加工と比較し，その特徴を**表7.1**にまとめる．研削加工は高速に回転する研削砥石を工具としていることから，工具速度が1000 m/min 以上と高く，そのため研削点温度が1000℃を越える高温となる．その熱の大部分は切りくずが火花となって放出されるが，冷却が十分でないと一部は工作物に伝達し工作物表面に焼けや割れを生じさせることがある．また，工具速度が高く切れ刃として不定形状の多数の砥粒を使用していることから，切れ刃あたりの切込み深さ(**加工単位**(machining unit)と呼ばれる)は数µm以下の小さなものとなり，除去量が小さく工作物に影響を与える領域が小さいため，寸法精度や仕上げ面粗さ，加工品質は一般的に切削加工より優れる．このため，研削加工は切削加工の後加工としても採用されるが，除去速度は切削加工より大きく劣るため加工時間は長くなり生産コストは高いものと

表7.1 切削加工と研削加工の特徴比較

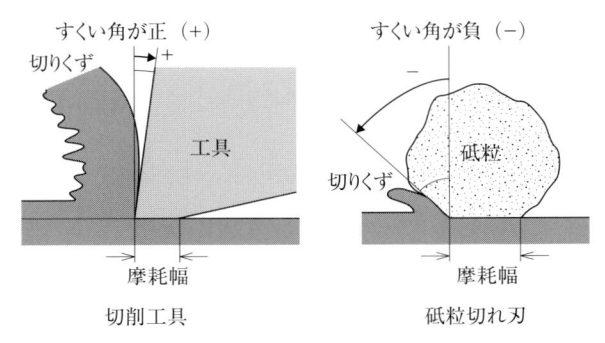

	研削加工	切削加工	研削特有の問題
加工速度	1000〜7000 m/min	一般に 500 m/min 以下	高温，高速変形
加工点温度	1000 ℃以上	1000 ℃以下	固体間反応，加工面の熱損傷
切りくず厚さ	数 μm 以下	10 μm 以上	強度に関する寸法効果
切れ刃形状	大きな負のすくい角，不確定	確定	盛り上がり，かえり，確率的現象
切れ刃の性質	硬質，高耐熱性，脆性	同左，しかし程度は低い	破壊，摩耗
切れ刃の配列	多数，統計的分布	少数，幾何学的配列	確率・統計的取り扱い
対象とする寸法精度	数十 μm 以内	数十 μm より大	加工面の微視的評価

図7.2 切削工具と砥粒切れ刃の比較
［津和秀夫，機械加工学，養賢堂(1973)図3.15を参考に作成］

なる．このため，研削加工は切削加工では加工困難な材料の加工や幾何学的精度などで付加価値を高めたい場合に適用される．

通常の切削工具は**図7.2**のように切れ刃のすくい角が正で切りくずが排出しやすい状態になっているが，研削で使用される砥粒切れ刃は負のすくい角をもっており，切りくずが排出しにくい状態になっている．このため，切込みが小さい場合には切りくずを発生せず，**図7.3**に示すように工作物に塑性変形のみを与えて加工みぞの両側に盛り上がりを生じる状態(掘り起こし)や工作物表面を押し潰すのみ(バニシング作用といわれる)のこすり状態になることがある．図7.2では逃げ面摩耗が生じている切れ刃の状態の図を示しているが，切削加工では逃げ面摩耗がある程度に達すると工具寿命

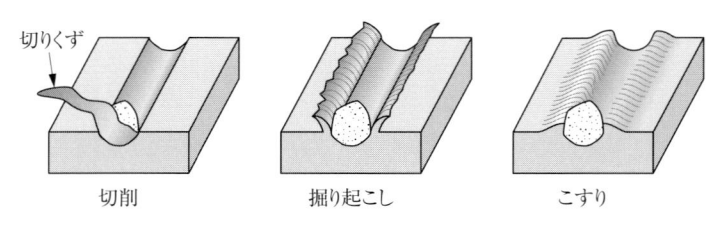

図7.3　研削加工における加工状態
[飯田喜介，機械加工学，現代工学社(1983)図64を参考に作成]

と判断して切れ刃を交換するのに対して，研削加工では砥粒の先端が摩耗し加工負荷が増して砥粒が自然と脱落するに任せている．

7.2.2　研削加工の種類

　研削加工は加工形態や加工する面の種類により，図7.4に示すように平面を加工する**平面研削**(surface grinding)，円筒外面を加工する**円筒研削**(cylindrical grinding)，小径の軸付砥石を用いて円筒内面を加工する**内面研削**(internal grinding)，ピンやパイプなど小径で支持が困難な円筒工作物を加工する**心無研削**(センタレス研削，centerless grinding)，平形砥石に手にもった工作物を押し当てて自由形状を加工する**自由研削**(free-hand grinding)などに分類される．このほか複雑な形状をもつ各種機械加工工具を多軸の研削盤で加工する**工具研削**(tool grinding)や歯車やねじなどの特定の形状を

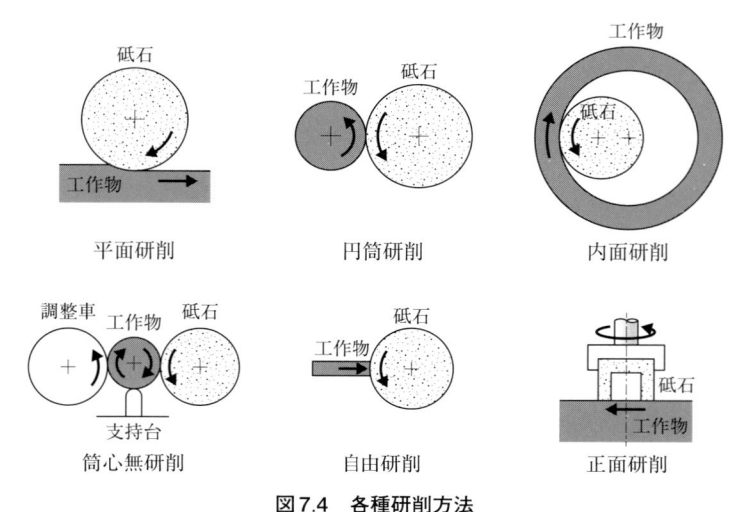

図7.4　各種研削方法
[臼井英治，切削・研削加工学(下)，共立出版(1971)図2.2を参考に作成]

もつ機械要素を加工する**特殊研削**(special grinding)がある．平面研削には砥石主軸が横軸でディスク状の平形砥石を使用する横軸平面研削(通常平面研削といえばこの加工方式を指す)と，砥石主軸が立軸でカップ形状の砥石を使用する立軸平面研削(通常**正面研削**(face grinding)という)がある．鉄系材料の場合，平面研削ではマグネティックチャックで工作物が保持される．このチャックの使用で平行度の優れた加工が可能になる．

研削加工では加工点の監視のしやすさと砥石破損時の安全性などから，砥石軸が横軸の加工形態が多くなっている．唯一砥石軸が立軸の正面研削ではカップ形砥石の端面が工作物に面で当たる状態となっており，砥石と工作物の接触面積が大きく研削抵抗が高くなることから，剛性の高い研削盤が用いられる．心無研削においては工作物を砥石と調整車で挟み，支持台との3点で支持する．調整車と研削砥石，工作物の中心は一直線に並んでいるわけではなく，工作物中心が研削砥石や調整車の中心よりもわずかに高い位置に保持される．調整車には後述のように摩擦抵抗の大きいゴム砥石が使用され，調整車の回転により工作物の回転を行っている．

7.3 研削砥石

研削砥石(砥石ともいう)とは，図7.1のように解砕型アルミナや黒色炭化ケイ素などのモース硬度9以上の硬質の砥粒を，それらを接着する結合剤と調合して高温で焼き固めた研削加工用の専用工具のことをいう．砥石には天然で採取される砥石も存在するが，これは結合力が弱く高速回転に耐えないため研磨にのみ使用され，研削で使用される砥石は人工的に製造されている．砥石は，切れ刃であり除去作用を行う**砥粒**(abrasive grain)，切れ刃を支持し工具に固着している**結合剤**(bonding agent)，切りくずの逃げや冷却に役立つ**気孔**(pore)(切りくずを貯める作用をすることからチップポケットとも呼ばれる．また砥石の種類によってはない場合もある)の3つから成り立っており，これを**砥石の3要素**と呼ぶ．実際にはこのほかに砥石の補強などのためのフィラー(充填材)，結合剤の融点を下げる融材などが含まれる．さらに砥石の3要素は**表7.2**に示すように5因子に細分類される．砥粒，結合剤，気孔の砥石の全体積に占める割合をそれぞれ砥粒率，結合剤率，気孔率という．一般砥石の割合は，砥粒率45 %，結合剤率20 %，気孔率35 %程度である．

砥石形状には**図7.5**に示すように加工形態に合わせてさまざまな種類があり，それぞれに研削に使用できる使用面以外の側面を使用することは，事故を起こす原因となるので，法律により禁止されている．横軸で機械研削に使用されるのが平形砥石，立軸の機械研削で使用されるのがカップ形砥石，手持ちのグラインダに取り付けてバリ

表7.2　砥石の3要素と5因子

3要素	役割	5因子	内容
砥粒	切れ刃	砥粒の種類	切れ刃の材質
		粒度	切れ刃の大きさ
結合剤	切れ刃の保持	結合度	切れ刃の保持力
		結合剤の種類	結合剤の材質
気孔	切りくずの排出	組織	砥粒の密度

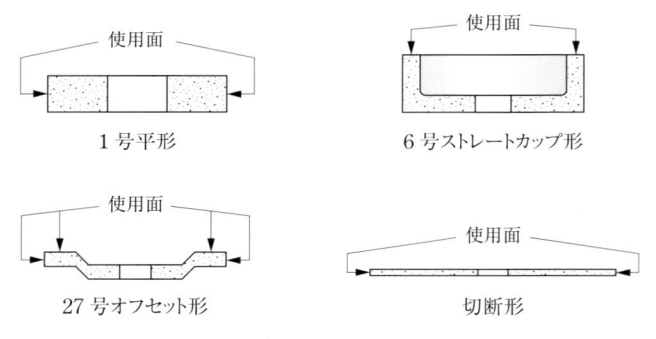

図7.5　代表的な砥石形状(JIS)

取りや研磨作業に用いられるのがオフセット形砥石，薄刃で切断に使用されるのが切断形砥石である．このほかマッチ棒のような形状の軸付の砥石がある．

研削砥石に使用される砥粒は**研削材**(grinding material)と呼ばれる．研削材としては，**表7.3**に示すように酸化アルミニウム系，炭化ケイ素系，ダイヤモンド系，立方晶窒化ホウ素系(cBN系)が使用されている．表7.3に示すようにJISにおいてそれぞれ記号が決められているダイヤモンド系，cBN系の砥粒は高価ではあるが高硬度で耐摩耗性に優れることから**超砥粒**(superabrasive)と呼ばれ，それ以外の一般砥粒とは区別されている．超砥粒を用いた砥石は**ホイール**(wheel)と呼ばれ，これも一般砥石と区別されている．

酸化アルミニウム系砥粒の砥石は引張強さの高い工作物の研削に使用され，炭化ケイ素系砥粒の砥石は引張強さの低い工作物の研削に使用される．硬度の低い酸化アルミニウム系砥粒が引張強さの高い工作物の研削に適用されるのは，炭化ケイ素砥粒のほうが硬いが脆いため，高引張強さの工作物の加工を行うと摩耗が多くなるためである．炭化ケイ素よりもさらに高硬度の炭化ホウ素系砥粒が研磨には使用されるが，研削ではあまり使用されない理由も同じである．ダイヤモンド系砥粒は高硬度で鋭利な

表7.3 砥粒の種類と用途

種類		記号	用途
溶融酸化アルミニウム系	褐色アルミナ	A	研磨布紙用，鋼材の粗，中研削，切断
	白色アルミナ	WA	工具鋼（引張強さ0.5 GPa以上）の仕上げ研削
	淡紅色アルミナ	PA	工具鋼研削
	解砕型アルミナ	HA	鋼の精密，総形，ねじ，歯車の研削
	アルミナジルコニア	AZ	オーステナイト系ステンレス鋼の研削
炭化ケイ素系	黒色炭化ケイ素	C	鉄鋼，非鉄金属（引張強さ0.3 GPa以下）の研削
	緑色炭化ケイ素	GC	超硬合金，特殊鋳鉄，非鉄金属の仕上げ研削
ダイヤモンド系		D	超硬合金，ガラス，セラミックス，半導体などの研削，切断
cBN系		BN	ダイス鋼，高速度鋼の研削

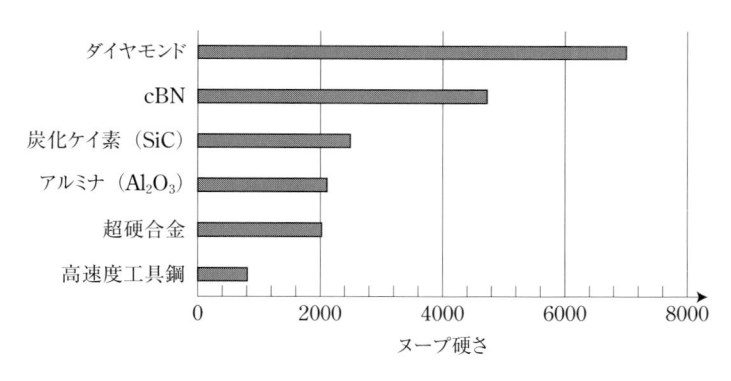

図7.6 砥粒の硬度

刃先をもつことから，一般砥粒では加工が困難な材料の加工に使用される．しかし，ダイヤモンド系砥粒は鉄系材料には化学的親和性が高く拡散摩耗を生じることから，鉄系材料の研削にはcBN系砥粒が適用される．**図7.6**には代表的な切削工具に使用される材料と砥粒材料の硬度を比較して示す．研削工具においては切削工具よりも切れ刃に高硬度のものが使用されていることがわかる．

砥粒のサイズを表す指標を**粒度**（grain size, grit size）という．粒度は数字によって表され，数字の小さいほうが砥粒のサイズが大きくなる．これはふるいの1インチあたりの目の数で表現しているためで，数字の前に#をつけて表す．一般砥粒もダイヤモンド，cBNの超砥粒も同一規格になっている．粒度は切れ刃密度を決定するため仕

表7.4　結合剤の種類

無機質系	ビトリファイド結合剤(記号 V)	剛性研削砥石用
	シリケート結合剤(記号 S)	
	オキシクロライド結合剤(記号 O)	
有機質系	レジノイド結合剤(記号 B)	セミ弾性研削砥石用
	ラバー結合剤(記号 R)	弾性研削砥石用
	ポリビニルアルコール結合剤(記号 PVA)	超弾性研削砥石用
金属質系	メタルボンド結合剤(記号 M)	剛性研削砥石用

上げ面粗さに影響し，良好な仕上げ面粗さを得たい場合には，数値が大きい粒度の砥石を使用する．しかし小径の砥粒の場合，表面積が小さいため保持強度が劣り，砥石摩耗は多くなる．

結合剤には，**表7.4**のように無機質系，有機質系，金属質系の3種類がある．無機質系にはビトリファイド系，シリケート系，オキシクロライド系があり，有機質系にはレジノイド系，ラバー系，ポリビニルアルコール(PVA)系がある．記号はJISで使用されているものである．このうちビトリファイド系とレジノイド系が耐熱性，耐化学薬品性，機械的強度，熱収縮率などの観点から主流となっている．ラバー系は弾性に富み摩擦抵抗が高いことから心無研削の調整砥石の結合剤として使用され，ポリビニルアルコール系は高気孔率の超弾性砥石の結合剤として用いられ，この砥石は切りくずが付着しやすい軟質金属などの仕上げ面粗さの向上を重視した加工に適用される．金属質系は高強度・高靭性で耐摩耗性に優れることから，超砥粒専用の結合剤として用いられている．一般砥粒の結合剤に金属質系結合剤を用いると，砥粒の摩耗が早く，加工能力のない結合剤が工作物に接触してしまい，振動や焼けが生じるため，一般砥粒の結合剤には使用されない．

ビトリファイド系結合剤の砥石は，気孔が存在する，最も伝統のある砥石であるが，レジノイド系やメタルボンド系結合剤の砥石は無気孔の砥石として使用される．レジノイド系ではもともと砥粒の保持力が弱いため，さらにそれを弱くする気孔は好ましくない．また，気孔がなくても砥石の摩耗が早く，表面にチップポケットが自然と形成されるため気孔が必要ではない．またメタルボンド系も耐摩耗性の高い超砥粒を強い保持力で結合したいため，気孔がないものが使用される．

結合剤が砥粒を保持する強さを，**結合度**(グレード，grade)という．結合度は，アルファベット26種類にわけて，その硬軟を表す．Aが最も軟らかく，Zが最も硬い．通常砥石には軟のグレードのH～Kあるいは中のグレードのL～Oが多用される．硬

い結合度の砥石を用いると，砥粒の保持力が高く砥粒の目変りがほとんど生じないため，砥粒の先端が平坦摩耗したり切りくずが付着したりして切れ味の悪い状態の加工となる．ビトリファイド系砥石の場合，軟らかい結合度の砥石の結合剤の**ブリッジ**（結合橋）は厚みが薄く強度がないため砥粒が脱落しやすくなり，目変りが活発に生じる．正面研削では接触領域が広くなるため切りくずの排出が難しいので，結合度の低い砥石が使用される．

砥石（ホイール）の中に占める砥粒の容積割合を，**組織**（structure）という．一定の容積の中に砥粒が占める割合が多ければ，その組織は密であるといい，少なければ粗であるという．密な砥石は切れ刃密度が高いため，硬く脆い材質の加工や精密仕上げに向くが，密な砥石の場合切りくずの排出が悪くなるため，砥石と工作物の接触面積を小さく保つ必要がある．そのため，接触面積が大きくなる正面研削や内面研削ではあまり密な砥石は使用しない．

7.4 砥石表面の調整技術

研削砥石は高速回転しているため，研削盤に取り付ける際には必ずバランス取りが行われる．バランスが取れていないと振動や砥石破壊の原因となる．加工を行っていると砥石表面の状態は常に変化する．使用していくうちに**図7.7**のように砥石作用面の形状が崩れ，切れ味が低下する．そこで，ある時間間隔で砥石作用面の形状および状態を調整する必要が生じる．調整する必要がある状態に達したことを寿命に達したといい，その判定は研削抵抗や加工精度，仕上げ面粗さなどにより行われる．砥石作用面の再調整を行うまでの時間を**砥石寿命**（grinding wheel life）（ドレス寿命，目立て

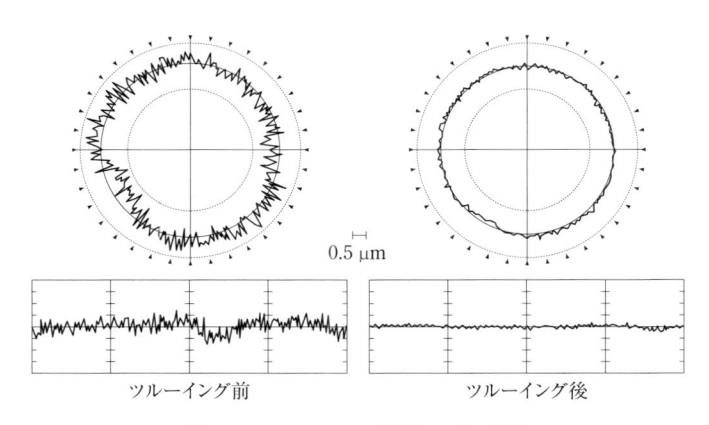

図7.7　ツルーイング前後の砥石形状

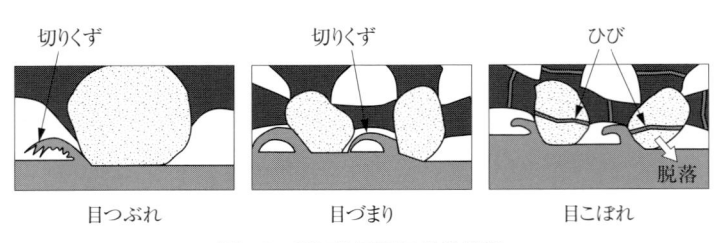

図7.8　砥石作用面の異常状態
［飯田喜介，機械加工学，現代工学社(1983)図71を参考に作成］

間寿命)という．砥石寿命は砥石によってももちろん変わるが，加工条件によっても異なる．

砥石作用面の異常状態としては，図7.8に示すように砥粒先端が平坦摩耗する**目つぶれ**(glazing)，砥粒間に切りくずが堆積する**目づまり**(clogging)，砥粒がどんどん破砕脱落する**目こぼれ**(shedding)の3つの状態が存在する．砥石作用面の調整作業には，**ツルーイング**(形直し，truing)と**ドレッシング**(目直し，dressing)がある．ツルーイングは砥石作用面の形状の修正，および回転軸に対する振れの修正を行う作業で，ドレッシングは目つぶれや目づまりを起こし切れ味の低下した砥粒を除去し，切れ味を再生する作業である．一般にツルーイングを行った後ドレッシングを行う．ドレッシングやツルーイングはダイヤモンド工具や砥石などを用いて行われる．

砥石結合度や粒度，切込みなどの加工条件により砥石作用面状態は変化する．砥粒切れ刃は工作物を研削することにより切れ刃先端が摩滅し切れ味が鈍くなる．その結果切れ刃に加わる抵抗が増え，砥粒が微細破砕や脱落を起こす．砥粒が微細破砕すると，鋭い切れ刃が現れたり，脱落すると隣接した新しい砥粒が表面に現れ，砥石表面に新たな切れ刃を構成する．このように自然に鋭い切れ刃が発生する現象を**自生発刃**(self dressing)という．自生発刃は研削加工特有の現象である．自生発刃が適切に生じ，切れ味が維持される状態が正常な研削状態である．図7.9に示すように，結合度や粒度などの使用する砥石の種類や切込みなどの加工条件により研削状態は変化する．粒度が細かくなるほど，目づまりしやすくなるので軟らかい砥石を使うべきであることがわかる．

図7.10には研削において発生する切りくずの形態を示す．切れ味のよい状態では切削加工同様，流れ形の切りくずが発生する．切れ味が悪くなるにつれて，せん断形，むしり形，構成刃先形，溶融形と変化する．構成刃先形は目づまり状態で発生する切りくずで，溶融形は加工点が高温となる研削切断や目づまり，目つぶれ状態で生じる切りくずである．切削加工では溶融形の切りくずを発生することは非常にまれで，溶融形は加工点温度が高くなる研削加工特有の切りくずといってよい．

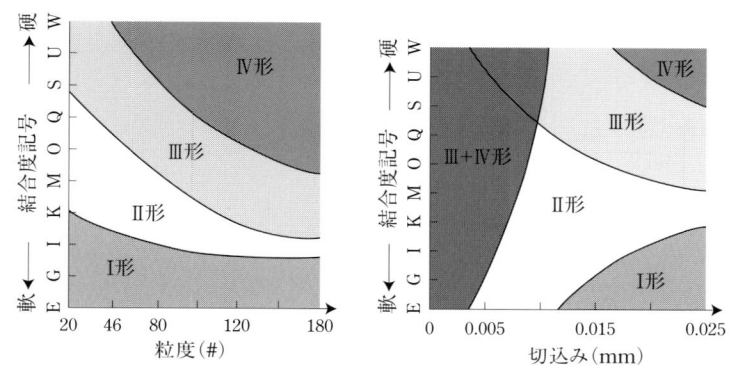

Ⅰ：目こぼれ形，Ⅱ：正常形，Ⅲ：目づまり形，Ⅳ：目つぶれ形

図7.9　加工条件と研削状態の関係

［田中義信，津和秀夫，井川直哉，精密工作法（上）　第2版，共立出版（1979）図5.7，図5.8］

	良 ←	切れ味		→ 悪	
	(a) 流れ形	(b) せん断形	(c) むしり形	(d) 構成刃先形	(e) 溶融形
	延性材料	脆性材料		目づまり状態	研削切断， 目づまり， 目つぶれ状態

図7.10　研削における切りくず

［田中義信，津和秀夫，井川直哉，精密工作法（上）　第2版，共立出版（1979）図5.6を参考に作成］

　以上のように研削工具の砥石は自分自身がある程度摩耗しながら加工を継続する．そこで，工作物の除去体積をその除去作用を行う際に生じた砥石の摩耗体積で除した値を**研削比**（grinding ratio）と呼ぶ．研削比が大きい状態は強加工状態で「砥石が硬く当たる」状態といい，小さい状態を「砥石が軟らかく当たる」状態という．硬く当たる加工条件は，結合度の高い砥石を用いる，砥石回転速度を高くする，工作物回転速度やトラバース速度（砥石の直線移動速度（図7.4(a) 参照））を小さくする，砥石切込み深さを小さくする，横送り量（砥石の直線移動方向とは垂直な方向の送り量）を小さくするなどの条件となる．一般砥石と超砥粒ホイールの適用材種は異なるので比較は難しいが，一般砥石の研削比は100以下であるが，超砥粒ホイールの研削比は1000を越

7.4　砥石表面の調整技術

えることもある．

7.5 研削条件と加工状態

研削抵抗や仕上げ面粗さは切れ刃密度によって支配される．砥粒は砥石内で一様に分布しているため，加工に作用する砥粒切れ刃とそうでない砥粒切れ刃が存在する．加工に関与する切れ刃を**有効切れ刃**（effective cutting edge）と呼び，加工に関与しない切れ刃を**無効切れ刃**と呼ぶ．**図7.11**ではA，C，D，Fの切れ刃が無効切れ刃で，それ以外は有効切れ刃である．また砥粒1個あたりに1つの切れ刃とは限らず，複数の切れ刃が存在することもある．**図7.12**に示すように砥石軸に垂直な同一平面内に存在し，先行する切れ刃と後続の切れ刃の有効切れ刃の間隔を**連続切れ刃間隔**（successive cutting point spacing）という．連続切れ刃間隔は**表7.5**に示すように砥石の種類，ドレッシング条件，研削初期と研削終期で異なる．連続切れ刃間隔が大きくなると，切れ味が向上するが，仕上げ面粗さは悪くなるため，連続切れ刃間隔の大きい状態は粗研削向きといえる．

研削状態は**図7.13**に示すように3つの領域に分類される．まず加工前粗さから加工条件などによって決まる定常的な粗さに到達するまでの過渡研削領域，仕上げ面粗さが変化しない定常研削領域，そして切込みを与えない状態で砥石－工作物の支持系が（研削抵抗が0になるまで）弾性回復することにより微小な切込みを与え粗さを向上さ

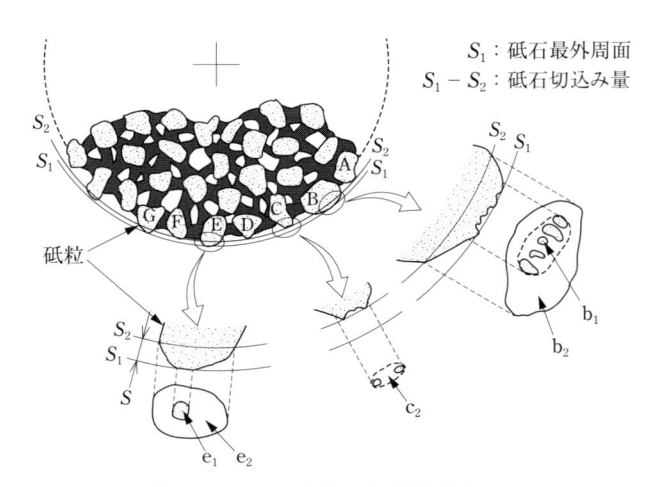

図7.11 加工に作用する砥粒切れ刃

［田中義信，津和秀夫，井川直哉．精密工作法（上） 第2版．共立出版（1979）図5.41を参考に作成］

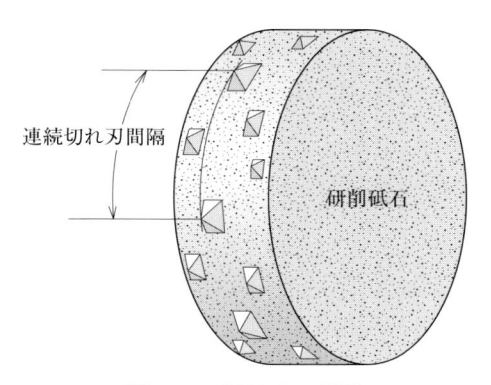

図7.12 連続切れ刃間隔
[飯田喜介，機械加工学，現代工学社(1983)図72を参考に作成]

表7.5 連続切れ刃間隔の変化

連続切れ刃間隔		大	小
砥石	砥粒の靱性	小	大
	粒度	大	小
	結合度	小	大
	組織	粗	密
ドレッシング		重	軽
研削作業		初期	終期

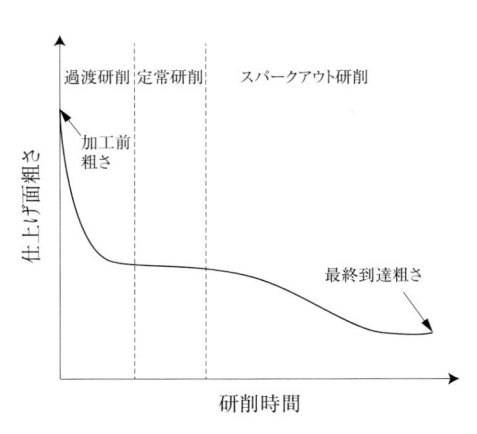

図7.13 研削状態の変化

7.5 研削条件と加工状態

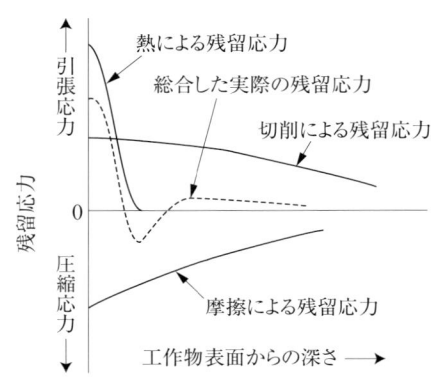

図 7.14　研削加工における残留応力
［田中義信，津和秀夫，井川直哉，精密工作法（上）　第2版，共立出版(1979)図5.35］

せるスパークアウト研削領域である．スパークアウト(spark out)を行わず，定常研削領域で加工を終了することもある．

図 7.14には研削加工面に残留する応力を示す．加工面表層には引張応力が残留し，深くなるにつれて圧縮応力に変化し，極値をとった後再び引張応力に変化し，徐々に応力は小さくなって母材の状態に収束する．この残留応力の深さ方向の変化は，熱による残留応力と切削による残留応力，摩擦による残留応力が足し合わさった結果である．引張応力が残留するのは加工点温度が高温となる研削加工特有の現象である．切れ味のよい超砥粒ホイールを用いた研削では，引張応力が残留しないこともある．

Topics
一般砥石と超砥粒ホイール

図1のようにビトリファイド系砥石，レジノイド系砥石，メタルボンド系砥石では砥粒は複層になっているが，電着砥石は砥粒が1層のみしか存在しない．前述のように一般砥粒の結合剤としてはビトリファイド系とレジノイド系のみで，高強度の金属質のメタルボンド系やめっきで砥粒を付着させた電着は超砥粒専用の結合剤となっている．めっきとしては保持力の強いニッケルめっきが使用されている．一方メタルボンド系では融点を下げるためと自生発刃を許容するために，電着で使用されているニッケルよりは軟らかいブロンズボンドが多用されている．

複層の砥粒層をもつ砥石ではツルーイングおよびドレッシングを行った後に使用する．ドレッシング状態が適切でないと，所定の仕上げ面粗さが得られない，砥石の摩耗が大きい，すぐに目づまりを生じて加工できないなどの異常状態となる．そのため，ドレッシングは複層の砥石には重要な作業で，しかも熟練を要する作業となっている．

一方，電着砥石は形状精度の出た台金に1層超砥粒を固着させているので，ツルーイングやドレッシングの作業を行うことなく，切削工具のように作業者がすぐに使用できる．また砥粒が1層しか付着していないため，砥粒が摩耗すると，台金から砥粒層を完全に剥離させて再電着させることが行われている．工具の摩耗を前提とせず工具が摩耗したら工具を取り換えるという点では，電着砥石は研削工具というより切削工具というべきかもしれない．

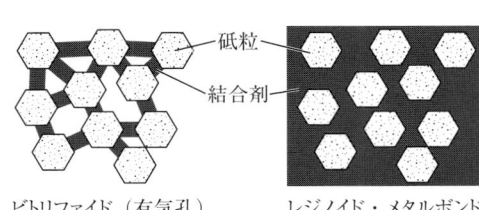

ビトリファイド（有気孔） レジノイド・メタルボンド（無気孔） 電着（めっき・一層）

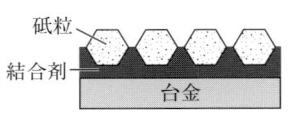

図1　砥粒の結合状態

参考文献

1) 精密工学会(編), 新版 精密工作便覧, コロナ社(1992).
2) 河村末久, 矢野章成, 樋口誠宏, 杉田忠彰, 研削加工と砥粒加工, 共立出版(1984).
3) 田中義信, 津和秀夫, 井川直哉, 精密工作法(上) 第2版, 共立出版(1979).

● **演習問題**

7.1 研削加工の特徴について説明せよ.
7.2 研削砥石の3要素および5因子について説明せよ.
7.3 研削砥石表面の調整技術について説明せよ.
7.4 研削加工条件と研削状態の関係について説明せよ.
7.5 研削加工における残留応力の発生形態について説明せよ.

第8章 研磨加工

🛠 8.1 研磨加工とは

　切削加工で加工できない硬質材料を**図8.1**(b) のように圧力転写方式で加工する方法が**研磨加工**(abrasive finishing)である．**圧力転写方式**(pressure copying principle)とは工具に所定の圧力を負荷して工作物に押し込み，その圧力の大小で工作物の表面形状を創成する加工方式で，所定の圧力を与えて加工を行うことから**定圧切込み方式**(constant pressure method)ともいわれる．圧力を高速で制御するのは難しいため，実際には目的とする形状に創成した基準面をもつ工具に一定の圧力で工作物を押し付け，その工具形状を工作物に転写する方法が採られている．圧力転写方式は，図8.1(a) に示す研削加工や切削加工で採用されている運動転写方式よりも外乱の1つである振動の影響を受けにくく，より小さな切れ刃あたりの切込み深さを達成でき，優れた仕上げ面粗さが達成できる．このため，研磨加工は切削加工や研削加工の後工程として用いられている．

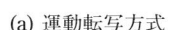

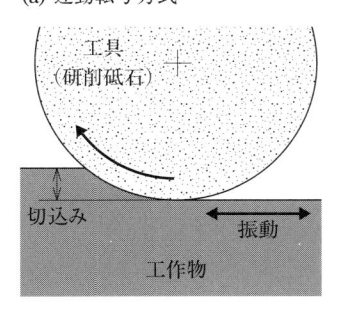

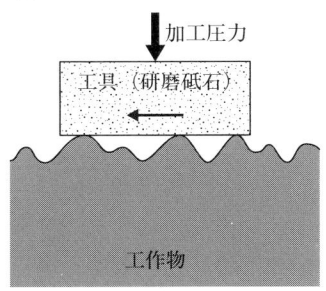

図8.1　運動転写方式と圧力転写方式

🛠 8.2 研磨加工の特徴と種類

8.2.1 研磨加工の特徴

　運動転写方式では加工面の精度が母性原理，すなわち工作機械の静的および動的精度により決定され，加工精度は使用した工作機械の運動精度を越えることができない．しかし，圧力転写方式では**図8.2**に示すように工具は加工を行っている面に浮かんだ

ような状態で，加工面自体により案内され，加工精度は相対運動を与える工作機械の運動精度ではなく，加工される面自体の精度により決定される．したがって加工面の精度は加工の進行とともによくなるため，工具の案内精度はどんどんよくなり，加工面の精度が上がる．圧力転写方式の精度は工具の切削能力を適当に選んで加工現象を制御できればどこまでもよくなり，使用した加工機械の精度を越えることができる．このことは超精密平面で構成されるブロックゲージが，精密な運動のできない人間の手により製作されることから理解できる．

前章で述べた研削加工も本章で説明する研磨加工も切れ刃に砥粒を使用していることから，総称して**砥粒加工**(abrasive processing)と呼ばれているが，その加工の特徴や形態は大きく異なる．**表8.1**に研削加工と研磨加工の特徴を比較して示す．研削加工では加工点において非常に高い加工圧力が発生し，除去能率は非常に高い．そのため，大きな機械的ダメージが加工表面に残留する．一方，研磨加工は化学的作用が併用されることもあり，まったく加工変質が残留しない面も生成できる．研磨加工は上述のように圧力転写方式であり，振動などの影響を受けず安定性が高い．ただ，研磨加工は制御因子が多く，自動化が難しい．

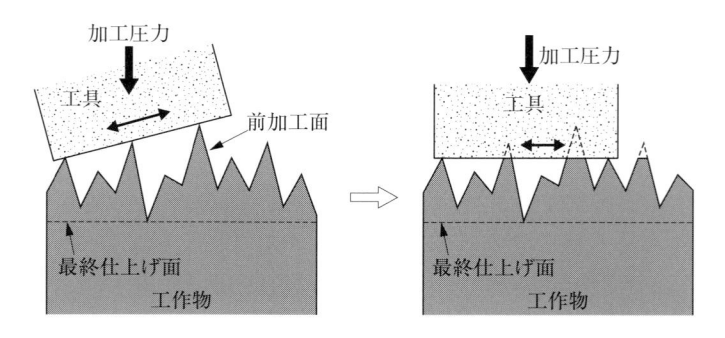

図8.2 圧力転写方式での加工メカニズム
[中島利勝，鳴瀧則彦，機械加工学，コロナ社(1983)図4.1を参考に作成]

表8.1 研削加工と研磨加工の特徴比較

	研削加工	研磨加工
加工点での除去能率	高い(研磨の約十〜百倍)	低い(加工圧力・加工速度が小さい)
加工品質	加工変質が残る(機械的作用のみ)	まったく加工変質のない面もできる(化学的作用が付加)
安定性	低い	高い
自動化	容易	困難

8.2.2 研磨加工の種類

砥粒加工は**表8.2**のように分類され,研削加工は砥粒が固着された工具である研削砥石を用いる機械加工法であることから,**固定砥粒加工法**に分類される.表8.2に示すように砥粒加工法は工具の有無と工具と砥粒の関係により,固定砥粒加工法,**遊離砥粒研磨法**,**自由砥粒加工法**の3つに分類される.固定砥粒加工法と遊離砥粒研磨法は工具を使用するが,自由砥粒加工法は工具を使用しない.そのため,自由砥粒加工法は形状精度を重視した加工には適用されず,穴あけや表面処理に利用されている.固定砥粒加工法は遊離砥粒研磨法や自由砥粒加工法に比較して制御性や作業環境に優れるが,目づまり(砥粒間に切りくずがつまること)現象が生じて,加工特性が悪化するという問題点がある.ひどい場合は振動が生じて仕上げ面粗さが悪化したり,工作物に焼けや割れが起きる.この現象は固定砥粒工具の結合度(砥粒の接着強度)が高いほど,砥粒が微細なほど起こりやすい.

図8.3は加工ダメージの評価のために斜め研磨を行った表面の画像である.図の上部が加工面で,明るさの異なるその下部が斜め研磨された表面で深さ方向の加工により生じたダメージの状態を示している.下部は斜め研磨されているので,スケールは上部の加工面の約10倍となっている.固定砥粒加工法では同図 (a) に示すように平行

表8.2 砥粒加工法の分類

砥粒加工法の分類	固定砥粒加工法	遊離砥粒研磨法	自由砥粒加工法
工具の有無	有		無
工具と砥粒の関係	固定	遊離	
砥粒加工法の種類	研削,ホーニング,超仕上げ,ベルト研削など	ラッピング,ポリシング	サンドブラスト,粘弾性流動研磨,液体ホーニング,バレル研磨など

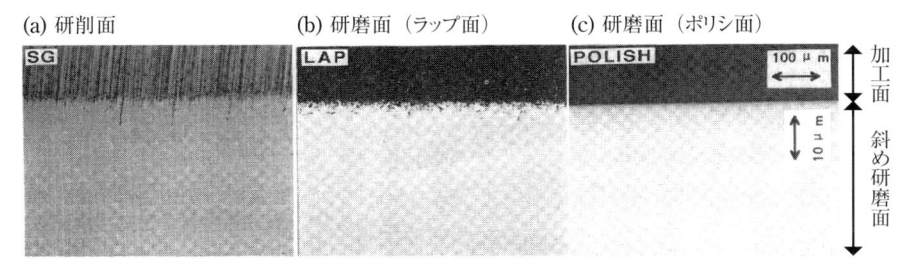

(a) 研削面　　(b) 研磨面(ラップ面)　　(c) 研磨面(ポリシ面)

図8.3　加工面の比較
[阿部孝夫,シリコン　結晶成長とウェーハ加工,培風館(1994)図4.4をもとに作成]

な直線状の加工マークのある加工面となり，加工マークに沿った方向には引張応力が，垂直な方向には圧縮応力が残留し，異方性をもった加工面となる．一方遊離砥粒研磨法では，加工面は梨地面(ラップ面，同図 (b))や鏡面(ポリシ面，同図 (c))となり，方向性のない等方的な面となる．研削加工と同じ機械的な研磨面(同図 (b))でもダメージ層の深さのばらつきは研削面に比較して少ないのが特徴である．一方化学的作用が付加された研磨(同図 (c))ではほとんどダメージのない面となる．

8.3 固定砥粒研磨法

表8.2に示すように圧力転写方式の**固定砥粒加工法**(fixed abrasive processing)には，図8.4に示す砥石を用いる**超仕上げ**(superfinishing)あるいは**ホーニング**(honing)，研磨ベルトを使用する**ベルト研削**(belt grinding)，研磨テープを用いる**テープ研磨**(tape finishing)などがあり，運動転写方式の固定砥粒加工法である研削加工と区別して**固定砥粒研磨法**と呼ばれている．超仕上げとホーニングの加工メカニズムは酷似しており，超仕上げでは回転する工作物に砥石を押し付け，砥石に揺動と送りを与える．一方，ホーニングの場合はすべての動きを砥石にもたせている．すなわち砥石を工作物に押し当てながら，砥石に回転，揺動，送りを与えている．いずれの場合もクロスハッチ

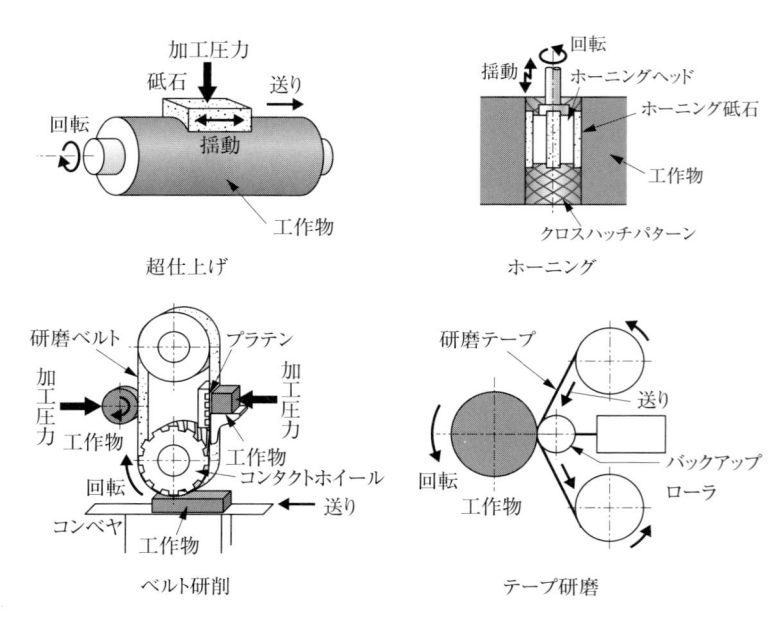

図8.4　圧力転写方式の固定砥粒加工法

の加工面が得られる．両方の加工法とも砥石は工作物に面当たりをさせているため，仕上げ面粗さは向上するが，目づまりが非常に生じやすい状態になっている．そのため砥石としては研削加工よりも結合度の低いものが選ばれる．揺動は上記のように仕上げ面粗さを向上させる働きをするとともに，砥石の目こぼれを推進し，目づまりしにくい状態にしている．ホーニングは図8.4に示すような穴の内面仕上げに用いられることが多く，代表的な例としてはエンジンシリンダの内面加工に利用されている．

　ベルト研削はエンドレス状態にした研磨ベルトを回転させ，これに直接工作物を押し当てるか，コンタクトホイールやプラテンをバックアップさせて押し当てることで加工を行う．ベルト研削は研磨ベルトに可撓性（かとうせい）があり，砥粒作業面が伸縮するため，固定砥粒工具でありながら比較的目づまりしにくい．しかし，4〜5μmサイズの砥粒を用いた研磨ベルトが限界で，それ以下では目づまり現象が目立つようになる．仕上げ面粗さは砥粒径に依存するため，より小径の砥粒を用いてベルト研削より優れた仕上げ面粗さを得るためにテープ研磨が行われる．テープ研磨の加工形態はベルト研削に似ているが，研磨テープは使い捨てで常に新しいテープが供給されるような状態で使用される．このため研磨工具に目づまりが生じても加工面に影響を及ぼすことがない．

　超仕上げの加工形態がユニークなので紹介する．まず**図8.5**(a)に示すように前加工面の粗さをもった工作物を砥石に押し付ける．工作物は徐々に表面粗さを改善するが，その加工時に発生した切りくずにより砥石は徐々に目づまりを生じ，砥粒切込み深さの小さな加工が行われるようになり，ついには同図(c)のように鏡面に近い滑らかな加工面をつくり出すことができるようになる．この目づまりを起こした砥石は，次の工作物を加工する((a)の状態に戻る)とき，その前加工面の粗い凹凸により目直しされ，切れ味のよい状態に復帰する．超仕上げではこの工程を繰り返すことになる．この超仕上げにおける砥石の作用状態は，砥石圧力・工作物回転数・砥石揺動速度によって変化する．

　ホーニングは上述のように穴の内面仕上げに使用されることが多いが，真直度の高

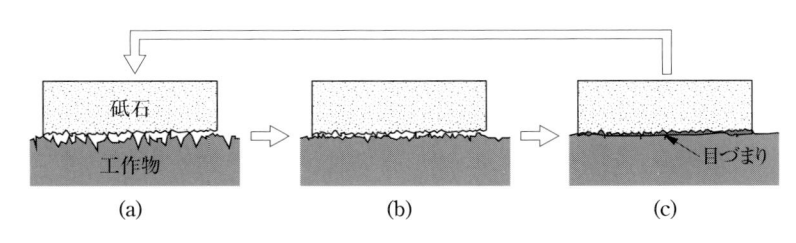

図8.5　超仕上げの加工メカニズム

［田中義信，津和秀夫，井川直哉，精密工作法（下）　第2版，共立出版(1982)図8.90を参考に作成］

い穴を加工するためには，上下両端において砥石が工作物よりもはみ出す量(**オーバーラン**)が重要となる．オーバーランが不足している場合には端部の加工時間が少なくなり**図**8.6(a) のようになり，逆にオーバーランが多すぎる場合には端部での加工圧力が増して同図 (c) のようになる．その中間で適正な値があり，その場合のオーバーランの量は砥石長さの約1/3である．同図の形態では工具は回転しながら上下に揺動しているため，加工面にはクロスハッチ模様が現れる．上限端では上下の移動速度が遅くなるため，中央部よりもつぶれたひし形模様となる．その部分では潤滑油が滞留しやすく，ピストンの上下死点でピストンの方向転換のため速度が落ちて摩擦が大きくなるエンジンのシリンダ内壁の加工には好都合である．

　図8.7のような布，皮，フェルトなどの弾性材料でつくられた円板状のバフの外周に固形または液状の油脂研磨剤を供給することで，バフに加工工具としての機能を与え，そのバフを高速回転させながら工作物に一定の加工圧力で押し付けることにより表面仕上げを行う**バフ仕上げ**(buffing)という加工法がある．この加工法では弾性に富む工具は加工抵抗を受けて大きく変位するため，形状精度や寸法精度は期待できないが，

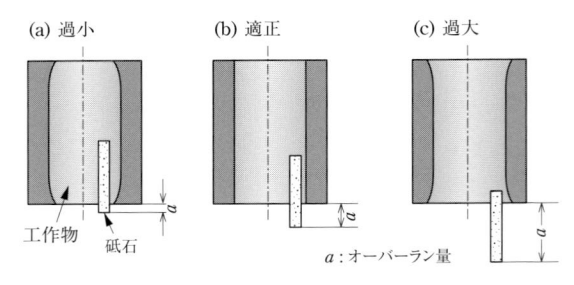

図8.6　ホーニングにおけるオーバーランの影響
［河村末久ほか，研削加工と砥粒加工，共立出版(1984)図12.18を参考に作成］

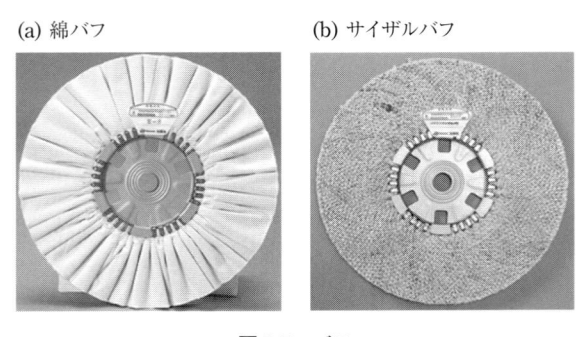

図8.7　バフ
［提供：株式会社光陽社］

比較的容易に表面を磨くことができるので，バフ仕上げはめっき下地仕上げ，めっき面のつや出し，凹面の仕上げなど広範囲に用いられている．バフ仕上げは固定砥粒研磨法と遊離砥粒研磨法の中間的な加工方法で，**半固定砥粒研磨法**（semi-fixed abrasive processing）と呼ばれている．

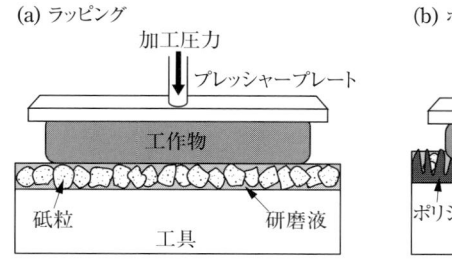

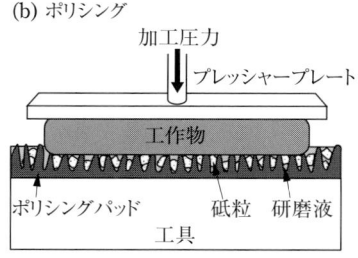

8.4 遊離砥粒研磨法

　遊離砥粒研磨法（loose abrasive processing）には，表8.2に示すように粗研磨の**ラッピング**（lapping）と仕上げ研磨の**ポリシング**（polishing）が存在する．一般に研磨というと，この遊離砥粒研磨を意味する．形態は歯磨きと同じで，歯が工作物，歯ブラシが研磨工具，歯磨き粉が砥粒を懸濁した**研磨液**（**スラリー**）となる．ちなみに現在の歯磨き粉には砥粒は含まれていないものもある．図8.8に示すようにラッピングは使用される工具が木材よりも硬質で，モース硬度9以上の硬質の10 µm前後の大きな砥粒を使用し，主に機械的作用で除去が進行する．一方，ポリシングでは使用される工具が木材よりも軟質で，モース硬度7以下の軟質の1 µm前後あるいはそれ以下の小さな砥粒を使用し，化学的作用も含まれた除去が行われる．遊離砥粒研磨の特徴は，①方向性のない加工面（梨地面，鏡面）になる，②工具のドレス寿命が長い（工具の目づまりが少ない），③小径の砥粒が使用でき，達成できる仕上げ面粗さがよい，④加工能率はラッピングでは研削の1/10以下，ポリシングでは1/100程度と低いことである．

　遊離砥粒研磨においては加工域に存在する固体の種類は砥粒，工具，工作物の3つであることから，**3BODY 研磨法**とも呼ばれる．これに対して固定砥粒研磨においては工具と工作物の2種類しか存在しないため**2BODY 研磨法**と呼ばれる．最近加工域に存在する固定の数が4種類の4BODY 研磨法が提案されている．3BODY 研磨法において砥粒が最も硬質であることは当然のことであるが，工具は工作物より軟らかいのが一般的である．軟質の工具のほうが摩耗しやすいように思われるが，工具は軟らか

図8.8　遊離砥粒研磨法

いほうが砥粒が工具に埋め込まれ，滑りがなくなり工具の摩耗が少なくなる．

ラッピングには図8.9のように研磨液を供給せず乾式で行う**乾式ラッピング**（dry lapping）と，研磨液を供給しながら行う**湿式ラッピング**（wet lapping）がある．乾式ラッピングでは砥粒は工具であるラップに埋め込まれ，ひっかき作用による加工となり，光沢面が得られる．一方，湿式ラッピングでは砥粒はラップと工作物の間で転動し，加工面は半光沢の粗い梨地面となる．乾式ラッピングでは工具の摩耗は少ないが，湿式ラッピングでは砥粒の転動により工具もある程度摩耗することになる．短時間あたりの除去量は湿式ラッピングのほうが多い．

ラッピングの工具は**ラップ**（lap）と呼ばれているが，ラップには球状黒鉛鋳鉄が多用

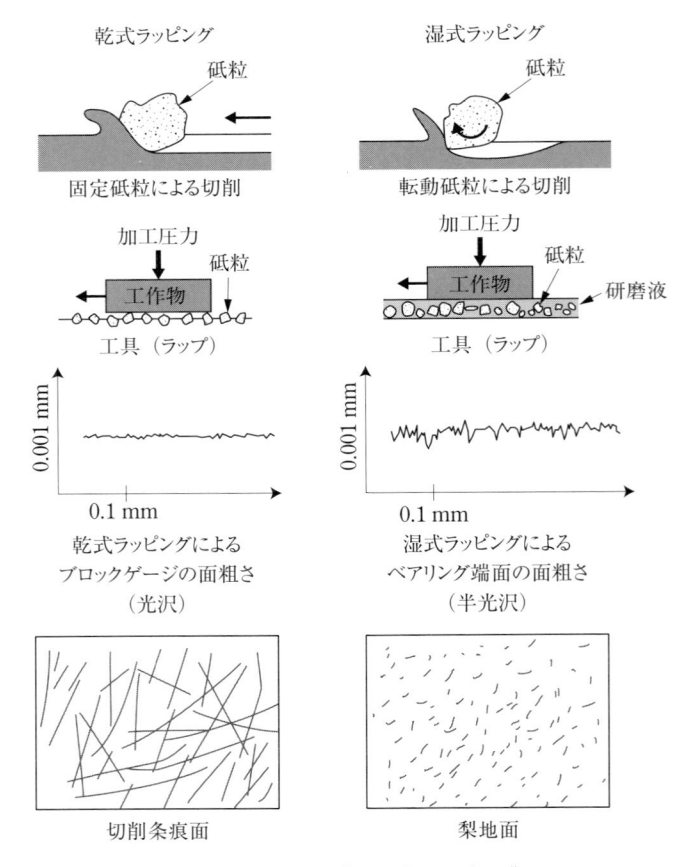

図8.9　乾式ラッピングと湿式ラッピング
［津和秀夫，機械加工学，養賢堂（1973）図4.50，図4.51を参考に作成］

されている．片状黒鉛鋳鉄のほうが価格は安いが脆く工具摩耗が大きい．また砥粒が片状組織に沿って移動し，傷をつくることがある．球状黒鉛鋳鉄では表面に現れた球状黒鉛が容易に脱落して気孔として働く．そのためポリシングにおける多孔質パッドに近い加工形態となる．ラッピング用の砥粒としては，ダイヤモンド，炭化ホウ素，炭化ケイ素，酸化アルミニウム（α晶）など硬質の機械的作用に優れる砥粒が使用されている．

ポリシングは砥粒の安定供給と化学的作用の付加のために通常湿式で行われる．最近では消防法の関係，工作物の洗浄の容易さ，酸やアルカリの混入のために水系の研磨液が多用されている．ポリシングにおける機械的作用と化学的作用のバランスを示したものが図8.10である．加工層の深さは化学的作用が強いほど小さくなるが，形状精度は悪くなる．除去能率は機械的作用と化学的作用がバランスしたときに最も高くなる．

ポリシング用の工具は**研磨パッド**（polishing pad）や**ポリシャ**（polisher）と呼ばれ，さまざまな種類のものが存在する．工業的には1次研磨に40〜60体積％の気孔を含むウレタン樹脂多孔質パッドとポリエステル繊維の不織布にウレタン樹脂を含侵させた不織布パッドが適用され，2次研磨には縦穴構造をもつウレタン樹脂の人造皮革のスエードパッドが多用されている．光学研磨に石油や木材から採取したコールを使ったピッチが利用されている．ピッチは粘弾性が強く形状精度の高い加工が行えるが，取り扱いに熟練を要する．硬質の研磨パッドを使用すると，形状精度の高い研磨が行えるが，仕上げ面粗さは悪くなる．

ポリシング用の砥粒としては，親水性が高く水系の研磨液に分散しやすい酸化物砥

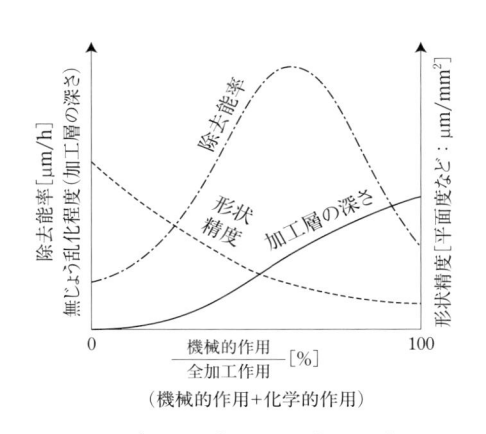

図8.10 ポリシングにおける作用のバランス
［安永暢男，はじめての研磨加工，東京電機大学出版局（2011）図5.1］

粒が使用されている．0.1 μm以下の粒径の酸化ケイ素をアルカリ液に分散させたコロイダルシリカは万能の研磨液として使用され，各種結晶材料やガラス，金属などの鏡面研磨に使用されている．酸化セリウムを中性あるいはアルカリ性の液体に分散させた研磨液はガラス専用の研磨液として使用されている．酸化セリウムはガラスの表面に軟質の水和膜を形成する働きがあり，高能率なガラスの研磨が行える．酸化アルミニウム（γ晶）を酸に分散させた研磨液は酸でのエッチング作用が強い金属やプラスチックの研磨に使用されている．

研磨機には**図8.11**に示す平面を加工する片面研磨機と平行平面の上下面を加工する両面研磨機，球面を加工するレンズ研磨機などがある．片面研磨機には工作物を貼り付けたジグが研磨盤に対して直径揺動する**オスカー型研磨盤**と，工作物が研磨盤上で遊星運動する**ラップマスター型研磨盤**がある．両面研磨機には**ホフマン型研磨盤**がある．レンズ研磨機はオスカー型研磨盤を変形したものである．両面研磨機では工作物はキャリアと呼ばれるジグで保持され，太陽歯車と内歯車の回転により上下定盤の間をこのキャリアが遊星運動する．両面研磨機には内歯車と太陽歯車のみが動く2WAY研磨機，2WAY研磨機の動きに下定盤の回転を加えた3WAY研磨機，さらに上定盤も

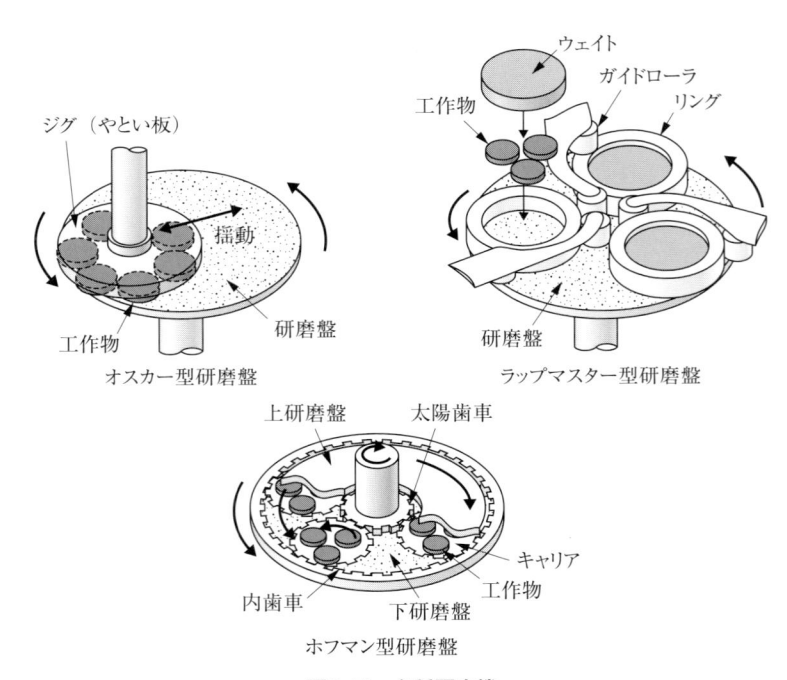

図8.11 各種研磨機

［谷泰弘，最新研磨技術，シーエムシー出版(2012)図2を参考に作成］

回転する4WAY研磨機がある．4WAY研磨機では上下の取り代を変えたり制御性に優れるが，回転するものが多いため振動は大きく粗さが最も悪くなる．遊星運動方式の研磨機は研磨速度を高くして高能率加工が行えるが，加工熱の発生と定盤の摩耗により形状精度が崩れやすい．一方，オスカー型研磨盤の研磨能率は高くないが，高精度の加工が行えることから光学研磨に利用されている．

超音波加工(ultrasonic machining)は，振動周波数16〜30 kHz，複振幅10〜150 μm程度の超音波振動する先端工具が，砥粒と加工液の混合物(スラリー)を介して，一定の送り力(加工圧力)を付加させて，加工物を機械的に衝撃して微細粉砕加工を行うものである．セラミックスやガラスなどの硬脆材料に高能率に穴加工を行うために使用されている．加工機としては，**図8.12**のように超音波発振器と加工機本体の振動系(磁歪振動子，振動拡大用コーンとホーンおよび工具で形成)および補助装置(加工圧力調節部，加工物支持台，スラリー供給装置)からなる．超音波加工は砥粒加工法の1つで，形態からは遊離砥粒研磨法の1つといえるが，超音波という特殊なエネルギーを使用することから特殊加工に分類されている．

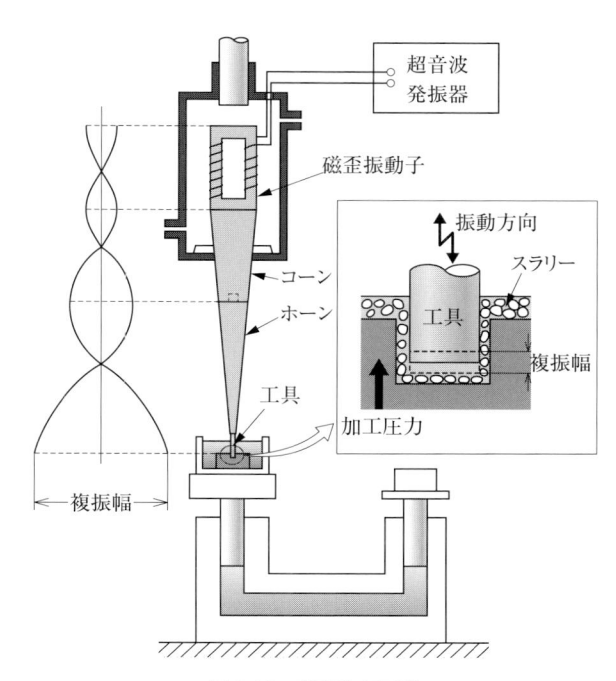

図8.12 超音波加工機
[木本康雄ほか，マイクロ応用加工 新訂版，共立出版(1999)図5.1を参考に作成]

8.5 自由砥粒加工法

自由砥粒加工法(free abrasive processing)には図8.13に示す**サンドブラスト**(sandblasting)などの**噴射加工**(blasting), **バレル研磨**(barrel finishing), **粘弾性流動研磨**(viscoelastic abrasive flow polishing)などがある. 自由砥粒加工法の特徴は, 加工の基準となる工具がないため寸法精度・形状精度は悪いこと, 表面処理やバリ取りに適していることである.

固体の表面に粒子を高速で吹き付けて, 仕上げをしたり, あるいは表面の性質を改善する方法を噴射加工という. グリットブラスティング(またはサンドブラスト仕上げ, 砂吹き仕上げ), ショットピーニング, 液体ホーニングなどの方法が実用化されている. 鋳物の表面を清掃したり, あるいはめっきまたは塗装の下地を仕上げるために, 石英砂を高圧の空気で工作物に向かって噴射させ, その表面を仕上げるのが, **サンドブラスト仕上げ**(sandblasting)である. 使用される砂は工作物に衝突したとき細かく粉砕されるため, 除去量が少なく, 砂の消耗が多い. また微粉となった砂粒が作業者の肺に入り珪肺症を起こす危険性がある. そこで, 砂の代わりに**ショット**(shot(小さい鋼球))を用いるのが**ショットピーニング**(shot peening)で, **グリット**(grit, ショットを粉砕したもの)を用いるのが**グリットブラスト仕上げ**(grit blasting)である. グリットは粉砕されることが少なく, 除去量も多く, 長い間の反復使用にも耐え, 経済的である. また微粉にならないので, 作業者への悪影響もない. このため, 最近はグリットブラスト仕上げが増えている.

噴射加工の1つで比較的歴史の浅い加工法に, 図8.14に示される**ウォータジェット加工**(water-jet cutting)がある. 超高圧水を小径ノズルから噴射し, 高速水ジェット(噴流)の運動エネルギーを利用して切断を行うものである. 超高圧ポンプで加圧された超高圧水の噴射スピードは音速の3倍にも達し破壊力のあるジェットが生じる. 金属, プラスチックの加工のほか, 木材の切断, 布の裁断, 岩石の穴あけ, トンネル掘

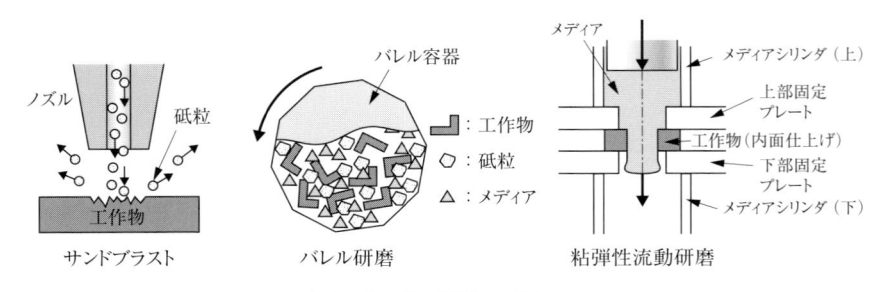

図8.13 自由砥粒加工法

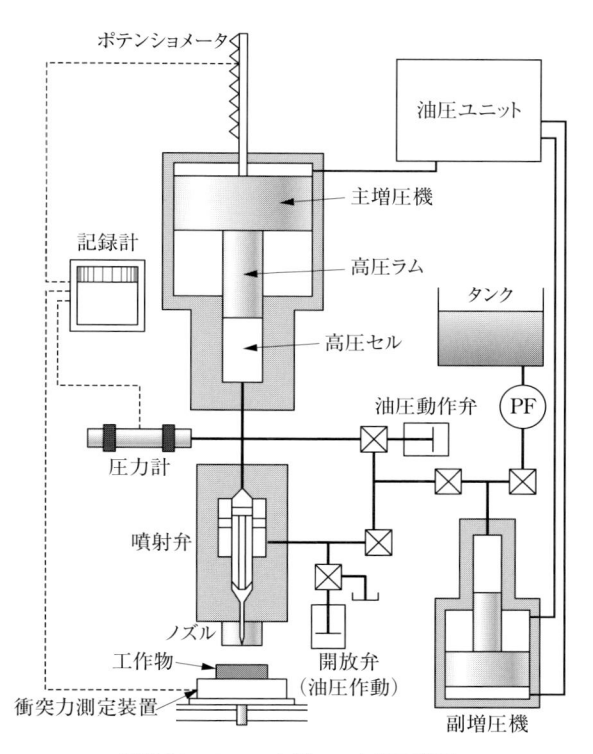

図8.14 ウォータジェット加工装置

[田中義信, 津和秀夫, 井川直哉, 精密工作法(下) 第2版, 共立出版(1982)図10.23を参考に作成]

削などに適用されている．この破壊力をさらに高めたものに，高圧水に砥粒を混入させた**アブレイシブジェット加工**(abrasive-jet cutting)がある．

　バレル研磨はバレル容器に工作物，研磨石，メディア，水を一定の割合で入れ，バレル容器に回転運動や振動を与えて研磨する加工方法である．回転形バレル，振動形バレル，遠心流動形バレルなどがある．バレル容器が運動することにより工作物と研磨石はその重さや形状の違いによって動き(速度と方向)に差が生じ，研磨石と工作物とが擦れ合い，このときに生じる摩擦により研磨が行われる．バリ取り，平滑仕上げ，鏡面仕上げ，R付け，スケール取りなどに使用されている．粘弾性流動研磨は**エクストゥルードホーン加工**(extrude hone process)とも呼ばれ，メディアと呼ばれる半固体状の粘弾性樹脂材料に砥粒を混ぜた粘弾性流体を加工を施す箇所に圧接移動させながら表面の粗さ改善・バリ取り・エッジ部へのR付けなどを行う加工方法である．

Topics
研磨パッド

研磨パッドには非常に種類が多い．前述のように多孔質パッド，不織布パッド，スエードパッドの3種類が工具的にはよく利用されている．多孔質パッドと不織布パッドは比較的硬質であることから，1次研磨に適用されている．不織布パッドは表面の凹凸が大きく，食いつきのよい研磨が行えるが，粗さが出にくい．多孔質パッドはそこそこの除去能率と仕上げ面粗さが得られるが，ドレッシングの影響が大きい．スエードパッドは軟質であることから，2次研磨に適用される．縦穴構造を有していることから，軟質の割には形状精度の劣化が少ない．

研磨パッドの表面構造により砥粒の保持特性が変化する(図1)．砥粒の保持特性は研磨パッドの上に少量の研磨液(スラリー)を滴下し，その状態で研磨パッドを傾け，その液滴が滑り落ちるときの角度(滑落角)で評価できる．滑落角が大きい研磨パッドほど，同じ硬度をもっていれば高い研磨能率を得ることができる．滑落角の大小で研磨パッドを並べると，スエードパッドよりもさらに滑落角の大きい織布パッドがあるが，織布のピッチがうねりとして加工面に転写されるので，工業的用途には使用されていない．

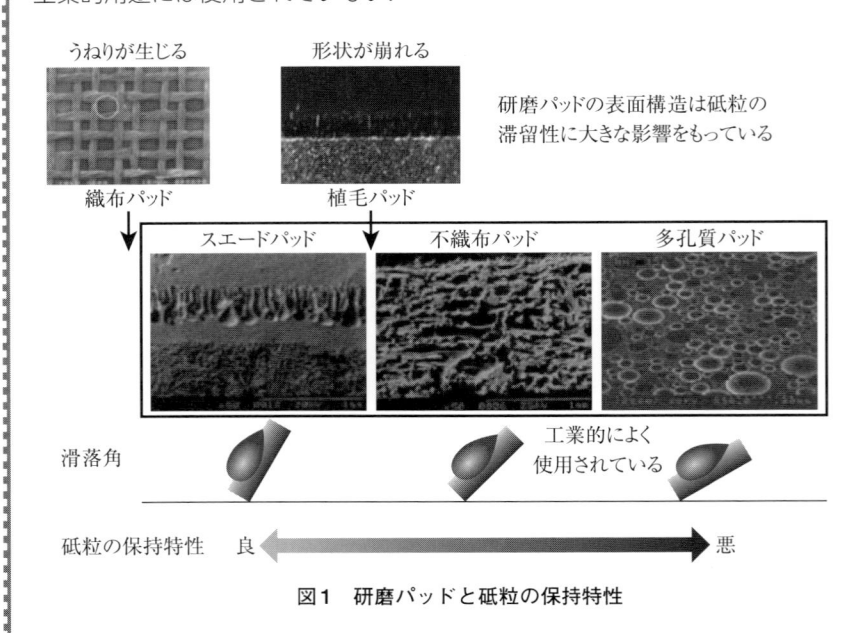

図1　研磨パッドと砥粒の保持特性

参考文献

1) 精密工学会(編), 新版 精密工作便覧, コロナ社(1992).
2) 木本康雄, 矢野章成, 杉田忠彰, 黒部利次, 山本昌彦, マイクロ応用加工 新訂版, 共立出版(1999).

● **演習問題**

8.1 運動転写方式と圧力転写方式の特徴を比較して示せ.
8.2 固定砥粒研磨法の特徴について説明せよ.
8.3 遊離砥粒研磨法の特徴について説明せよ.
8.4 乾式ラッピングと湿式ラッピングの加工メカニズムの違いについて説明せよ.
8.5 自由砥粒研磨法の特徴について説明せよ.

演習問題の解答

第 1 章

1.1
例 1：透かし（スピーカグリル，欄間彫刻などのすかし彫り，身近ではないが香炉のすかしの蓋，車のフロントグリル，ランプシェードなど）．
例 2：幼児用あるいは要介護者用のスプーン，フォークなどの柄，そのほかの食器．

1.2
例 1：片面のみ光沢のある厚さ 10 μm 程度の家庭用アルミ箔
　アルミ箔は加工能率を高めるため，2 枚重ねで何度も圧延ロールを通し，仕上げる．したがって，ロールと接触する面は光沢のある面（ブライト面）となり，もう 1 枚のアルミ箔と接触する面は曇った面（マット面）となる．つまり，経済的という単純な理由で，片面のみを光沢のある面にしている．

例 2：津軽塗（箸，盆）
　基本は，何度も塗った色漆を研いで模様を出す．複数の技法があるが，詳細は省略．

例 3：金箔
　基本は，和紙の束の間に 1 枚ずつ挟んで，上から何度も槌で均等に叩き，0.1 μm まで薄くする．ハンマリング装置などの詳細は省略．

例 4：油穴付きの工具．例えば，直径 3 mm の超硬ドリル（下図）の中をらせん状に通る 2 本の油穴．
　工具の素材である直径 1 μm 以下の超微粒子の炭化タングステンや炭化チタンなどとコバルトとを混練し，グリーンと呼ばれる本焼結前の状態で 2 本の真直の穴のあいた棒を作成する．これをドリルと同じねじれ角でねじり（穴もねじれる），焼結した後，研削でみぞや刃を成形し，油穴付きのツイストドリルが完成する．

図　油穴付きドリル
［三菱マテリアル株式会社 Web カタログを参考に作成］

第 2 章

2.1
・**燃焼炉**：天然ガスや石油など，ガスあるいは気化させた液体燃料を空気と混合して燃焼させて高温の空間をつくり，対象物を加熱する装置．
・**電気抵抗炉**：抵抗体に電気を流したときに発生するジュール熱を利用する炉．発熱用抵抗体として黒鉛，炭化ケイ素や二ケイ化モリブデンなどの化合物，白金，Fe–Cr 系合金，ニッケル合

金などの金属が利用されている．
- 誘導炉：溶解物を収める耐熱容器の周囲をコイルで覆った構造をした炉で，交流による電磁誘導で導体である溶解物もしくは耐熱容器に生じる渦電流を利用して加熱する．
- アーク炉：炉内に設置された電極の間，もしくは電極と溶解物の間でアーク放電を発生させ，そのときに生じる熱を利用して加熱する炉．

2.2
例えば，①主型・中子の構成，上下分割面位置，模型を取り出すための抜け勾配の配置などの工夫，②寿命やコストを考慮した模型材料の選択，③湯口やガス抜き穴の形状，大きさ，位置，個数などを考慮した設計がなされている．

2.3
1つの方法として，冷却時に生じる溶融金属の収縮，反りの程度を考慮した模型の形状・寸法の設計，最適化がなされている．

2.4
例えば，『日本金属学会（編），金属便覧　改訂6版，丸善（2000），p.936』を参照．

2.5
高速回転させた鋳型に注湯し，遠心力により溶融金属を鋳型内面に沿わせたまま冷却，固化させて鋳物をつくる方法．シリンダライナ，鋳鋼管など長い円筒状の製品をつくるのに主に利用されている．

第3章

3.1
①熱可塑性　②熱硬化性　③ガラス転移

3.2
$100 \times 10^{-4} \times 50 \times 106/1000/9.8 = 51$ tf

3.3
1はc，2はb，3はd，4はa

3.4
$196 \times 2000/7900 = 49.6\,\mathrm{GPa}$

3.5
式に代入すると，界面温度は$40\,°\mathrm{C}$

第4章

4.1
例えば，『新版接合技術総覧，産業技術サービスセンター（1994），第2章第8節および第9節』を参照．

4.2
軟ろうの代表的なものとして$Sn-Pb$系合金ろう，$Sn-Cu$系合金ろう，$Sn-Ag$系合金ろう，硬ろうの代表的なものとして銀ろう，銅ろう，ニッケルろう，$Ag-Cu$系合金ろうなどがある．

4.3
ドア，ルーフなどの外板と内板の接合，車体へのウィンドウガラスの取り付け，自動車内装材の布貼りなどに使用されている．

4.4
ねじの頭部座面，締結部材同士の接触面の微小凹凸が経年変化や振動で摩耗して隙間ができる場合．また，締結部材の強度がねじよりも低くねじ頭部座面と締結部材の接している面が変形して隙間ができる場合に，軸力の低下を招いてゆるみの原因となる．また，ねじ自体が外部からの振動や衝撃で戻り方向に回転することでねじはゆるむ．

4.5
例えば接着において，接合部材表面の微細凹凸に接着剤が入り込んで硬化することで接合力が高まる効果のことをいう．

❀ 第5章

5.1
ペアクロスミル，ロールシフトミル，ロールベンドなど．

5.2
加工力による金型の弾性変形，加工熱による金型の熱膨張，金型の摩耗など．

5.3
利点：生産性が高く低コスト化が可能，大量生産に向いている，材料の損失が少ない，エネルギー効率が高い，数 m サイズから数 mm サイズまで幅広い寸法の製品が製造できる，製造工程を自動化しやすい，塑性加工により形状だけでなく材質も改善できる．
欠点：寸法精度が機械加工よりは劣る，素材は基本的に金属材料に限られる，製品形状は限られる，大量生産でないとコスト高になりやすい，設備や工具のコストが高い，冷間加工では潤滑液を必要とする．

5.4
加工荷重が大きくなる，金型や工具の摩耗が生じやすい，曲げ加工・絞り加工におけるスプリングバックが大きく寸法精度が悪くなる，工具と材料の凝着・疵（きず）が生じやすい．

❀ 第6章

6.1
除去した体積と切りくずの体積は等しいことから，切りくずの厚さは $t_2 = 0.67$ mm，切削比は $r_c = t_1/t_2 = 0.3$ となる．せん断角は $\tan\phi = \dfrac{r_c \cos\alpha}{1 - r_c \sin\alpha} = 0.314$ より，$\phi = 17.4°$ となる．

6.2
- **ドリル加工**：利点は能率よく穴加工が可能．欠点として，穴の真直度や真円度は必ずしも高くない．また，穴径を変えるには対応する径のドリルが必要である．ドリル加工の後にリーマ加工により精度の高い穴とすることができる．
- **旋盤で中ぐり加工**：利点は精度が高く，穴径は自由に設定できる．欠点は微小な径の中ぐりは工具が微小となるため難しいこと．
- **エンドミル加工**：らせん状の工具経路でエンドミル加工することにより，エンドミル径より大きな径の穴を加工できる．利点は異なる径の穴を高能率に精度よく加工可能．ただし，マシニングセンタなど数値制御工作機械が必要である．

工業的に大量に用いられる小径ドリルは，パソコンやスマートフォンをはじめとする電子機器の

プリント配線基板の穴あけ用のドリルである．小さい面積の中で大容量の回路をつくるために高密度で穴をあける必要があり，直径0.1～0.15 mm 程度のものが一般的に用いられる．なお，直径0.01 mm のドリルが市販されている例がある．

6.3
切削速度 v m min^{-1} は工作物外周の速度なので，直径 D mm，回転速度 n min^{-1} とすると $v = \pi D n / 1000$ より $n = 318$ min^{-1} となる．

6.4
$Rz < \dfrac{f^2}{8r}$ より $f < 0.126$ mm rev^{-1} となる．

6.5
せん断面を通過する際に塑性仕事により加熱され温度上昇した切りくずが，さらにすくい面での摩擦仕事による発熱によって加熱されるため．

第7章

7.1
研削加工は多刃の工具である研削砥石を高速に回転させ，機械的に工作物表面を削り取る除去加工の1つである．そのため，切削加工に比較して，①切削工具で削れない硬脆材料が容易に加工できる，②切削では加工が容易な軟質材料の加工は目づまりが生じるため不得意，③加工単位が小さく，仕上げ面粗さや寸法精度が優れる，④切れ刃に自生作用がある，⑤工具速度が高いため，加工点温度が高く，焼け・割れが起きることがある，などの特徴がある．

7.2
3要素は，砥粒，結合剤，気孔の3つで，砥粒は切れ刃であり，除去作用を受け持つ．結合剤は切れ刃である砥粒を工具に固着するもので，切れ刃の支持を受け持つ．気孔は砥石内に存在する空孔で，切りくずの逃げや加工点の冷却の働きをする．
5因子は砥粒，粒度，結合度，結合剤，組織の5つで，砥粒は砥粒の材質を意味し，粒度は砥粒の大きさ，結合度は砥粒を支持する結合橋の強さの程度，結合剤は砥粒を支持している材料の種類，組織は砥石の単位体積中に占める砥粒の割合により決まる粗密の程度を表す．

7.3
砥石表面の調整技術にはツルーイング（形直し）とドレッシング（目直し）がある．ツルーイングは砥石研削面の修正，および回転軸に対する振れの修正を行う作業であり，ドレッシングは目つぶれ，目づまりを起こした砥粒を除去し，切れ刃を再生する作業である．ツルーイングで形状を出してから，切れ味をあげるドレッシングを行う．

7.4
砥石結合度が高いほど，砥石周速が早いほど，工作物速度が遅いほど（いずれも砥石が硬く当たる状態），砥石は目づまり状態あるいは目つぶれ状態となり，切れ味は低下する．ひどい場合は，振動が発生し，研削焼けが生じることもある．それと逆の場合は，砥石への負荷が増え，目こぼれ状態となり，砥石摩耗が増え，仕上げ面粗さが悪化する．

7.5
加工面表層には引張応力が残留し，深くなるにつれて圧縮応力に変化し，極値をとった後に引張応力に変化し，徐々に応力は小さくなり母材の状態に収束する．この変化は，熱および切削による引張の残留応力と摩擦による圧縮の残留応力が加わった結果である．

第8章

8.1
圧力転写では工具に振動があっても，工作物も工具に追随して動き，振動の影響が加工面に表れにくく，切込みを圧力で設定するほうが小さな切込み量を設定できるため，運動転写に比較して仕上げ面粗さを向上できる．一方，圧力転写では形状を創成することが難しく，前加工面の影響を受けやすい．

8.2
固定砥粒加工法では高圧高速域の加工で高能率な除去加工が行える．また遊離砥粒研磨法よりも制御性に優れ，自動化が行いやすい．しかし，目づまり（砥粒間に切りくずがつまること）現象が生じて，加工特性が悪化することがある．ひどい場合は振動が生じて仕上げ面粗さが悪化したり，多量の加工熱が発生して工作物に焼けや割れが起きる．この現象は結合度が高いほど，砥粒が微細なほど，またねばい材質の加工で起こりやすい．

8.3
①方向性のない加工面（梨地面，鏡面）になる，②工具のドレス寿命が長い（目づまりが少ない），③小径の砥粒が使用でき，達成できる仕上げ面粗さがよい，④加工能率はラッピングで研削の1/10以下（ポリシングでは1/100程度）．

8.4
乾式ラッピングでは砥粒が工具に埋め込まれ，ひっかき作用により加工が進行する．このため，優れた仕上げ面粗さが達成できる．一方，湿式ラッピングでは砥粒が工具と工作物間で転動し，仕上げ面は梨地面となり，仕上げ面粗さは乾式ラッピングより悪くなる．

8.5
①参照となる工具がないため寸法精度・形状精度は悪い，②表面処理やバリ（burr）取りに適している．

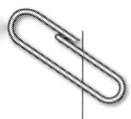

索　引

あ行

アーク溶接　41
圧延　50
圧延荷重　52
圧延コイル　53
圧下率　51
圧下量　51
圧縮成形法　26
圧力転写方式　115
孔型圧延　54
アブレイシブジェット加工　127
粗さ　92
鋳型　11
鋳込み　12
板圧延　51
板材成形　65
鋳物　12
鋳物砂　13
インサート　47
インフレーションプロセス　33
インベストメント鋳造　15
ウォータジェット加工　126
浮きプラグ　61
運動転写方式　100
液圧プレス　65
液相－固相反応接合　44
エクスツルードホーン加工　127
MQL加工　93
延伸圧延　57
円筒研削　102
エンドミル　81
押出し　57
押出し圧力　59
押出成形法　27
押出し比　59

オスカー型研磨盤　124
オーバーラン　120

か行

かえり　67
拡散接合　47
拡散摩耗　91
加工単位　100
ガス溶接　40
可塑化工程　27
型　11
型鍛造　62
金型　16, 28
金型鋳造　16
ガラス転移　25
カリバーロール　54
管圧延　56
乾式研削　100
乾式ラッピング　122
ガンドリル　81
機械加工　74
機械的締結　47
機械的摩耗　90
機械プレス　64
気孔　103
逆再絞り　70
境界摩耗　90
凝着摩耗　90
切りくず　74
クランクプレス　64
クリアランス　67
グリット　126
グリットブラスト仕上げ　126
結合剤　103
結合度　106
研削液　100
研削加工　99
研削材　104

研削砥石　99, 103
研削盤　100
研削比　109
研磨液　121
研磨加工　115
研磨パッド　123, 128
工具研削　102
工具損耗　89
工作機械　2, 74
工作物　74
後方押出し　57
5軸制御マシニングセンタ　80
固相接合　45
固定砥粒加工法　117, 118
固定砥粒研磨法　118
コンテナ　57

さ行

再絞り　70
最大高さ粗さ　92
サーキュラーダイ法　32
サーボプレス　65
算術平均粗さ　93
サンドブラスト　126
サンドブラスト仕上げ　126
残留応力　34
シェルモールド法　14
自生発刃　108
湿式研削　100
湿式ラッピング　122
自動工具交換装置　80
自動パレット交換装置　80
絞り　68
シャー　66
射出圧縮成形　30
射出成形法　28

135

自由研削　102
自由鍛造　63
自由砥粒加工法　117, 126
主運動　74
順送プレス　65
常温接合　49
消失模型鋳造法　15
正面研削　103
ショット　126
ショットピーニング　126
真空鋳造　20
真空溶解　20
心無研削　102
すくい角　84
スクイズキャスティング　17
すくい面摩耗　90
スクエアエンドミル　81
ステム　57
砂型　12
砂型鋳造　12
スポット溶接　44
スラブ　54
スラリー　121
3BODY 研磨法　121
スリッタ　66
生産加工学　1
脆性損傷　89
接合　40
切削液　93
切削温度　87
切削加工　74
切削工具　74
切削抵抗　85
切削油剤　93
切削力　86
接触抵抗　44
接着　47

接着剤　47
繊維強化プラスチック　25
せん孔圧延　56
旋削　74
旋削工具　79
せん断　66
せん断域　83
せん断面　83
せん断面切削モデル　84
旋盤　76
前方押出し　57
塑性加工　50

た行
ダイ　27, 57, 67
ダイカスト　16
タッピングセンタ　81
タップ　82
ターニングセンタ　78
単軸押出機　27
鍛接管　55
鍛造　61
炭素繊維強化プラスチック　36
タンデム圧延機　53
チキソトロピー　21
チクソキャスティング　21
チップブレーカ　94
柱状晶　20
鋳造　11
超音波加工　125
超仕上げ　118
超精密切削　2
超砥粒　104
超臨界流体　35
直接再絞り　70
チル層　20
ツイストドリル　81
継目なし鋼管　55

2BODY 研磨法　121
ツルーイング　108
定圧切込み方式　115
TIG 溶接　42
定形圧延　57
抵抗溶接　43
定寸切込み方式　100
テープ研磨　118
テーラードブランク　71
電子ビーム溶接　42
電縫管　55
砥石　103
砥石寿命　107
砥石の3要素　103
等軸晶　20
特殊研削　103
トランスファー成形　26
砥粒　99, 103
砥粒加工　116
ドリリングセンタ　81
ドリル加工　74
ドレッシング　108

な行
内面研削　102
中ぐり盤　76
ナックルプレス　64
ニアドライ加工　93
ニアネットシェイプ　62
逃げ面摩耗　90
二軸押出機　27
ぬれ性　45
ねじ切りダイス　82
熱延鋼板　54
熱可塑性プラスチック　24
熱間加工　50
熱硬化性プラスチック　23
熱成形　33
ネットシェイプ　62

粘弾性流動研磨　126

は行
バイオベースプラスチック　38
バイト　76
ハイドロフォーミング　72
刃先角　83
バックアップロール　53
バフ　120
バフ仕上げ　120
バリ　68
バレル研磨　126
半固定砥粒研磨法　121
はんだ付け　44
パンチ　67
ハンマー　65
半密閉鍛造　62
半溶融スラリー　21
光触媒　6
引抜き　59
引抜き応力　60
被削性　95
被削性指数　95
比切削抵抗　86
ファインブランキング　70
ファウンテンフロー　35
フィルム成形法　32
複合加工機　96
フライス加工　74
フライス盤　79
フラットダイ法　33
ブランク　69
フランジ　69
ブリッジ　107
フルモールド法　16
ブロー成形　34
ブローチ加工　97
フローフロント　35

分子配向　34
噴射加工　126
閉そく鍛造　62
平面研削　102
ベルト研削　118
ホイール　104
紡糸　31
ホーニング　118
ボールエンドミル　81
ボール盤　81
ホフマン型研磨盤　124
ポリシャ　123
ポリシング　121

ま行
摩擦圧接　45
摩擦撹拌接合　46
マシニングセンタ　79
摩耗　89
マンドレル　61
MIG溶接　41
密閉鍛造　62
無効切れ刃　110
目こぼれ　108
目つぶれ　108
目づまり　108

や行
有限要素法　87
有効切れ刃　110
遊離砥粒研磨法　117, 121
溶加材　41
溶接　40
溶接管　55
溶湯　12
溶融接合　40
四段圧延機　53

ら行
ラッピング　121
ラップ　122
ラップマスター型研磨盤　124
理想粗さ　92
リバース圧延　53
粒度　105
リンクプレス　64
冷延鋼板　54
冷間加工　50
レオキャスティング　21
レオロジー　31
レーザ溶接　42
連続圧延機　53
連続切れ刃間隔　110
ろう付け　44
ロストワックス法　16

わ行
ワークロール　53

編著者紹介

帯川利之 工学博士
- 1980 年　東京工業大学大学院理工学研究科機械物理工学専攻博士課程修了
- 同　年　東京工業大学工学部 助手
- 1998 年　東京工業大学工学部 教授
- 2007 年　東京大学生産技術研究所 教授，東京工業大学 名誉教授
- 2017 年　東京電機大学 特別専任教授，東京大学 名誉教授
- 2022 年　同大学退職

笹原弘之 博士（工学）
- 1988 年　東京工業大学工学部機械物理工学科卒業
- 同　年　東京工業大学工学部 助手
- 1996 年　東京工業大学大学院理工学研究科にて博士号を取得
- 同　年　東京農工大学工学部 講師
- 現　在　東京農工大学大学院工学研究院 教授

NDC532　　143p　　21cm

はじめての生産加工学 1
基本加工技術 編

2016 年 6 月 13 日　第 1 刷発行
2025 年 2 月 13 日　第 11 刷発行

編著者　帯川利之・笹原弘之
著　者　齊藤卓志・谷　泰弘・平田　敦・吉野雅彦
発行者　篠木和久
発行所　株式会社 講談社
　　　　〒 112-8001　東京都文京区音羽 2-12-21
　　　　　販売　(03) 5395-5817
　　　　　業務　(03) 5395-3615

KODANSHA

編　集　株式会社 講談社サイエンティフィク
　　　　代表　堀越俊一
　　　　〒 162-0825　東京都新宿区神楽坂 2-14　ノービィビル
　　　　　編集　(03) 3235-3701

DTP　　株式会社 エヌ・オフィス
印刷所　株式会社 平河工業社
製本所　株式会社 国宝社

落丁本・乱丁本は，購入書店名を明記のうえ，講談社業務宛にお送りください．送料小社負担にてお取替えいたします．なお，この本の内容についてのお問い合わせは，講談社サイエンティフィク宛にお願いいたします．定価はカバーに表示してあります．

© T. Obikawa, H. Sasahara, T. Saito, Y. Tani, A. Hirata, and M. Yoshino, 2016

本書のコピー，スキャン，デジタル化等の無断複製は著作権法上での例外を除き禁じられています．本書を代行業者等の第三者に依頼してスキャンやデジタル化することはたとえ個人や家庭内の利用でも著作権法違反です．

Printed in Japan　ISBN 978-4-06-156550-0